金工技术

蒋金伟 王尧林 主 编
陈 铜 施 旋 范建锋 副主编

清华大学出版社
北京

内 容 简 介

本书作为中职院校机电类专业教学实践类基础课程的教材，旨在为学生学习后续专业课程打下基础。本书以学生自主学习为主导，以项目下的任务为主线，以任务的实际操作为引领，体现了"做中学、学中做"的教学思想，不仅锻炼学生的实践动手能力，同时培养学生的自主学习能力。本书包括精益管理、榔头制作、手机支架制作、制作天平秤四个实践项目。本书还配套了教学课件、教学视频等资源，可作为中职机电类教材。

本书封面贴有清华大学出版社防伪标签，无标签者不得销售。
版权所有，侵权必究。举报：010-62782989，beiqinquan@tup.tsinghua.edu.cn。

图书在版编目（CIP）数据

金工技术/蒋金伟，王尧林主编.—北京：清华大学出版社，2024.12
ISBN 978-7-302-65300-4

Ⅰ.①金… Ⅱ.①蒋…②王… Ⅲ.①金属加工－教材 Ⅳ.①TG

中国国家版本馆 CIP 数据核字（2024）第 038385 号

责任编辑：张　弛
封面设计：刘　键
责任校对：刘　静
责任印制：宋　林

出版发行：清华大学出版社
网　　址：https://www.tup.com.cn, https://www.wqxuetang.com
地　　址：北京清华大学学研大厦 A 座　　邮　编：100084
社　总　机：010-83470000　　邮　购：010-62786544
投稿与读者服务：010-62776969, c-service@tup.tsinghua.edu.cn
质量反馈：010-62772015, zhiliang@tup.tsinghua.edu.cn
课件下载：https://www.tup.com.cn, 010-83470410

印　装　者：三河市人民印务有限公司
经　　销：全国新华书店
开　　本：185mm×260mm　　印　张：8.75　　字　数：200 千字
版　　次：2024 年 12 月第 1 版　　印　次：2024 年 12 月第 1 次印刷
定　　价：49.00 元

产品编号：100999-01

前 言
FOREWORD

随着我国制造业的蓬勃发展,新职业在现代企业中不断涌现,如人工智能、工业机器人、工业互联网+、数控机床、机械制造、新能源汽车等。加快培养一支高素质、专业化、复合型的高技能人才队伍是今后我国加快制造业发展、推进制造强国战略的当务之急。

党的二十大报告提出:要深入实施人才强国战略,努力培养和造就更多大师、战略科学家、一流科技领军人才和创新团队、青年科技人才、卓越工程师、大国工匠、高技能人才。将大国工匠、高技能人才同科学家和科技领军人才放到实施人才强国战略的重要位置,充分体现了党和国家对大国工匠、高技能人才的高度重视。

金工技术是工科专业教学计划中一门重要的实践性技术基础课程,具有承前启后的重要作用,是培养学生综合素质过程中重要的实践教学环节之一。本书在编写过程中,以学生自主学习为主导,以项目下的任务为主线,以任务的实际操作为引领,体现了"做中学、学中做"的教学思想,不仅锻炼学生的动手实践能力,同时培养学生的自主学习能力。

本书主要包括以下四个项目。

(1) 精益管理:主要内容是实训教学的安全注意事项、工量刀具的管理、场地设备的管理、卫生工具的管理等。项目所需学时为6课时。

(2) 榔头制作:主要内容是钳加工中的划线、锯削、锉削、钻孔、倒角、攻螺纹、套螺纹,车削加工中的车外圆、车台阶轴,铣削加工中的铣平面、铣六方以及螺纹配合。项目所需学时为54课时。

(3) 手机支架制作:主要内容是钳加工中的划线、锯削、锉削、钻孔、倒角、攻螺纹、套螺纹,车削加工中的车外圆、车台阶轴,铣削加工中的铣平面、铣六方、铣斜面,钣金的裁剪、折弯以及构件的装配等。项目所需课时为54课时。

(4) 制作天平秤:主要内容是钳加工中的划线、锯削、锉削、钻孔、倒角,车削加工中的车外圆、车台阶轴、车锥面,铣削加工中的铣平面、铣沟槽以及构件的装配等。项目所需课时为54课时。

本书由杭州萧山技师学院蒋金伟、王尧林担任主编,陈钢、施旋、范建锋担任副主编,马晓君、林春苗参编。具体工作分工如下表所示。

序号	内　　容	负责人
1	总策划,项目二榔头制作中任务一图纸分析及工艺流程编写至任务六检测锤头	蒋金伟
2	总策划,项目一精益管理	王尧林
3	项目四制作天平秤	陈钢
4	项目三手机支架制作中任务一图纸分析及工艺流程编写至任务三支柱制作	施旋
5	所有项目的项目测评中项目二作业及理论测试	范建锋
6	项目二榔头制作中任务七锤柄备料、车削端面与外圆至任务十组装锤头与锤柄	马晓君
7	项目三手机支架制作中任务四支撑板制作至任务六组合装配、检测	林春苗

在本书编写过程中,参考和引用了国内外出版物中的相关资料及网络资源,在此对这些资料和资源的作者表示诚挚的谢意!

尽管在编写过程中做出了很多努力,但是由于编者水平有限,书中可能存在一些疏漏和不当之处,恳请各用书单位和读者多提宝贵意见和建议,以便修订时改进。

编　者

2024 年 7 月

教学课件

目 录
CONTENTS

项目一 精益管理 ··· 1
 一、项目目标 ··· 1
 二、建议学时 ··· 1
 三、学习过程 ··· 1
 四、项目实施 ··· 1
  任务一 正确着装以及摆放个人物品 ·· 1
  任务二 正确摆放工具 ··· 3
  任务三 场室整理 ··· 5
 项目评测 ··· 9

项目二 榔头制作 ··· 11
 一、项目目标 ··· 11
 二、建议学时 ··· 11
 三、学习过程 ··· 11
 四、项目实施 ··· 17
  任务一 图纸分析及工艺流程编写 ·· 17
  任务二 锤头备料 ··· 22
  任务三 铣削长方体六平面 ··· 29
  任务四 加工锤头舌部结构及头部 ·· 43
  任务五 钻孔、倒圆角、攻螺纹 ·· 53
  任务六 检测锤头 ··· 59
  任务七 锤柄备料、车削端面与外圆 ·· 60
  任务八 套螺纹 ··· 73
  任务九 检测锤柄 ··· 75
  任务十 组装锤头与锤柄 ··· 76
 五、项目评测 ··· 82

项目三　手机支架制作 ··· 85

一、项目目标 ·· 85
二、建议学时 ·· 85
三、学习过程 ·· 85
四、项目实施 ·· 91
  任务一　图纸分析及工艺流程编写 ·································· 91
  任务二　底座制作 ·· 93
  任务三　支柱制作 ·· 95
  任务四　支撑板制作 ·· 97
  任务五　支顶制作 ··· 106
  任务六　组合装配、检测 ·· 108
五、项目评测 ··· 110

项目四　制作天平秤 ··· 112

一、任务目标 ·· 112
二、建议学时 ·· 112
三、学习过程 ·· 112
四、项目实施 ·· 119
  任务一　图纸分析及工艺流程编写 ································· 119
  任务二　底座制作 ··· 121
  任务三　车削圆盘 ··· 125
  任务四　车削销钉 ··· 126
  任务五　铣削平衡块 ··· 128
  任务六　组装天平秤 ··· 130
五、项目评测 ··· 131

项目一

精益管理

一、项目目标

工作站中引入精益管理，旨在帮助学生养成良好的工作、学习习惯，使学生工作责任明细化，成为具备责任心和自觉性的执行者。学生按需取用耗材，并在加工前充分思考，避免过多的废料产生，树立节约意识，杜绝浪费，养成环保的好习惯；学生在工作过程中需要保持工作场所的整洁，将日常用具摆放在合理的位置，及时将已用的或者暂时不用的设备放回指定位置，妥当收纳工具，注重长期保持，持续培养学生养成良好的习惯。

二、建议学时

6学时。

三、学习过程

项目描述如下。

本项目主要分为三个任务：任务一，让学生在进入生产实习现场之前，能正确着装以及摆放个人物品，避免实训场地出现杂乱无章的现象；任务二，让学生在开始操作前，了解工作站工、量、刀、夹具的摆放位置，能够做到取物必须原位归还；任务三，让学生学习更多的安全操作规范，在操作过程中避免出现安全事故，并且在工作结束后，能够做好清洁与归置工作。

四、项目实施

任务一　正确着装以及摆放个人物品

1. 任务目标

（1）学会正确着装。

（2）将个人物品摆放至正确位置。

2. 学时安排

2 课时。

3. 任务分析

(1) 任务描述：学生在进入实训场地前，需要先识读相关知识中的实训着装要求，对自身的着装以及穿戴物品进行相应的整改，以保障后续加工环节能够方便操作、安全生产。同时，学生需根据相关知识中的个人物品摆放要求对物品进行摆放，避免实训场地出现杂乱无章的现象。

(2) 任务流程：如表 1-1 所示。

表 1-1 任务一流程

步 骤	内 容
1	识读图 1-1 和相关知识，按照实训的着装要求对自身的着装以及穿戴物品进行整改
2	识读图 1-2 和相关知识，按照摆放要求，将个人物品摆放至正确位置
3	对个人物品的摆放以及自身着装拍照（着装可让他人代拍）后，上传系统

(3) 任务准备：实训服、护目镜。

4. 考核要求

教师查看学生上传至系统的照片，根据相关知识中的实训着装要求以及个人物品的摆放要求进行考核，并将考核成绩填写在表 1-4 中。

1. 实训着装要求

(1) 进入实训场地，必须穿实训服，不准穿背心、拖鞋和戴围巾。

(2) 长发的须戴帽子，将头发卷到帽子里面。

(3) 实训服必须拉上拉链或系紧扣子。

(4) 脖子上不能挂任何东西。

(5) 不能戴手套操作机床。

(6) 操作机床时，没有眼镜的须戴上护目镜，如图 1-1 所示。

图 1-1 实训着装示范

2．个人物品摆放要求

（1）使用红色圆形即时贴对杯子进行定位。

（2）按学号进行编号管理。

（3）学生将自己的水杯按标识整齐摆放，以免错拿。

（4）水杯不允许放在其他地方，如图1-2所示。

图1-2 水杯的摆放

任务二 正确摆放工具

1．任务目标

（1）能够按照规定在实训场地正确摆放工、量、刀、夹具。

（2）能够及时发现故障的设备以及丢失、破损的工具并报损。

（3）能够严格按照操作区要求规范自身行为。

2．学时安排

2课时。

3．任务分析

（1）任务描述：本任务按照精益管理的理念，要求工具、零件各有其位，取物必须原位归还，摆放位置及方向要求一致。学生需要通过识读相关知识中的内容，了解工作站工、量、刀、夹具的摆放位置，在操作过后需严格按照图片模板以及摆放要求复原。

（2）任务流程：如表1-2所示。

表1-2 任务二流程

步 骤	内　　　容
1	识读相关知识中的内容，了解工作站工、量、刀、夹具的摆放位置，以及操作区的要求等
2	开始实操前，检查设备电源及照明灯是否能正常使用，若发现故障需及时安置警示牌并报修
3	实训中，需严格按照操作区的要求，不得在操作区出现嬉戏打闹、玩手机游戏等行为，如果发现其他同学出现以上行为，应及时提醒制止
4	实训结束后需将工、量、刀、夹具放回原位，如有丢失、损坏需及时做好登记
5	对工量具摆放区域、操作区域、工位等拍照上传系统

4. 考核要求

教师查看学生上传至系统的照片,根据相关知识中的相关要求,对学生的工量具摆放、操作区域卫生状况等进行考核,并将考核成绩填写在表1-4中。

相关知识

1. 操作区的要求

(1) 地面无纸片、铁屑,卫生工具摆放整齐。

(2) 工位(车、铣、钳、钻、削)整齐、干净,如图1-3所示。

图1-3 操作区

(3) 不得在操作区出现嬉戏打闹、玩手机游戏等行为。

(4) 确保设备电源及照明灯均能正常使用,发现故障后需及时安置警示牌并报修。

2. 钳工、铣工、车工、钻削工位的使用和摆放要求

(1) 每天实训结束后需将工量具放回原位,如图1-4~图1-7所示。

(2) 每天实训结束后应检查工量具的状态,如有丢失、损坏需做好登记,由当天实训班级赔偿。

(3) 每天实训结束后,需按要求做好设备的保养工作,当设备出现故障时,应及时报修。

(4) 如有集训队或教师需使用工作站资源,应事先联系工作站负责人,使用后需将物品放回原位(如有丢失、损坏需进行赔偿),并做好场地的清洁工作。

图1-4 钳工工位的工量具摆放

图 1-5 车工工位的物品摆放

图 1-6 铣工工位的物品摆放

图 1-7 钻削工位的物品摆放

3．展示看板的要求

（1）对工量具进行标识，标明型号、数量、责任人。

（2）每天实训结束后需将工量具放回原位。

（3）每天实训结束后应检查工量具的状态，如有丢失、损坏需做好登记，由当天实训班级赔偿。

（4）如有集训队或教师需使用工作站资源，应事先联系工作站负责人，使用后需将物品放回原位（如有丢失、损坏需进行赔偿），并做好场地的清洁工作。

任务三　场室整理

1．任务目标

（1）能够按照规定正确使用计算机、平板教室。

（2）能够严格按照实训要求，进行生产实习。

（3）能够在实训结束后，清洁现场，并将清洁工具放回原位。

2．学时安排

2课时。

3．任务分析

(1) 任务描述：本任务要求学生识读相关知识中的要求，正确使用计算机、平板教室。按照实训纪律要求，在整个项目的学习过程中，规范自身行为，遵守安全操作规程，避免出现人身和机床事故。在工作过程中要保持桌面的整洁，及时将用过的或者暂时不用的设备放回原位。在工作结束后，做好清洁与归置，帮助学生养成良好的归纳意识以及一丝不苟的工作态度。

(2) 任务流程：如表1-3所示。

表1-3 任务三流程

步　骤	内　　　容
1	识读相关知识中的内容，了解计算机、平板教室的使用要求、实训纪律要求以及清洁工具的摆放要求
2	将精益管理的要求贯穿于整个项目的学习过程中，根据需要取材、用材，按照规定摆放工具，遵守纪律以及安全操作规程
3	实训结束后需使用卫生清洁工具，对操作区域、工位进行清洁，并在清洁完成后，将清洁工具摆放至正确位置
4	清洁整理完成后，对清洁工具摆放区域、操作区域、工位等拍照上传系统

4．考核要求

教师根据学生上传的照片以及学生在学习过程中的表现，按照相关知识中的相关要求，对学生的学习态度、行为规范、安全生产操作、清洁卫生状况等进行考核，并将考核成绩填写在表1-4中。

相关知识

1．计算机、平板教室的使用要求

(1) 不得在学习区出现嬉笑打闹、玩游戏等行为。

(2) 人离开后，需将椅子放置在桌子下方，如图1-8和图1-9所示。

图1-8 计算机教室

图1-9 平板教室

(3) 人离开时,桌面上不能有其他物品,保持整齐清洁,关闭门窗和电源。
(4) 书吧使用时,要求图书的借阅和归还必须登记入册,方便追溯,如图 1-10 所示。
(5) 展示的作品应摆放整齐、规范,如图 1-11 所示。

图 1-10 书吧

图 1-11 展示台

2. 实训纪律要求

(1) 班级上、下课要有秩序地从玻璃移动门进出,如图 1-12 所示。场室北门是常闭状态(见图 1-13),供应急使用。使用平板电脑的班级,上、下楼时从场室南门进出,如图 1-14 所示。

图 1-12 工作站玻璃移动门

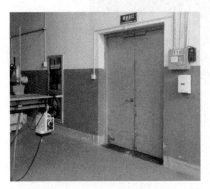
图 1-13 场室北门常闭

图 1-14 场室南门上课时常开

(2) 毛坯料、机油等物品按要求统一放置,如图 1-15 所示。合理使用毛坯料,不得出现浪费、乱扔、乱拿等现象。要节约原材料、水电、油料和其他辅助材料。

(3) 生产实习课上学生应团结互助,遵守纪律,不准随便离开生产实习车间。

(4) 需要通电打开设备前,需经教师同意,无教师在场的情况下,不得打开设备进行操作。

(5) 生产实习中严格遵守安全操作规程,避免出现人身和机床事故。

(6) 爱护工量具、机床和生产实习车间其他设备,因违反操作工艺或无故损坏、丢失的器具,由学生本人照价赔偿。

(7) 注意防火及安全用电。实习车间的电气设备出现故障时,应该立即关闭电源,报告实训教师,不得擅自处理。

(8) 生产实习课结束后,学生应认真擦拭机床,涂抹润滑油,做好机床保养。

(9) 工作站无人时,水、电、气、门窗应处于关闭状态,如图 1-16 所示。

图 1-15　毛坯料、机油等物品的摆放

图 1-16　工作站无人时状态

3. 清洁工具的摆放要求

(1) 每天实训结束后,各实训班级需将清洁工具放回原位,并摆放整齐,如图 1-17 所示。

图 1-17　清洁工具的摆放

(2) 拖把使用后,需清洗干净,并悬挂晾干,如图 1-18 所示。

图 1-18 拖把的摆放

（3）废料扔入铁屑车内。
（4）铁屑车用过后放回原位，如图 1-19 所示。
（5）注意垃圾分类，铁屑车内只能放铁屑和废料，餐巾纸或矿泉水瓶等生活垃圾要分类放在垃圾桶内。

图 1-19 铁屑车的摆放

五、项目评测

为督促学生养成良好的学习态度和正确的工作习惯，达成项目的总体学习目标，在项目的最后设置了教师评价。教师以各任务的学习目标作为测评依据，分别对学生三个任务的完成度进行考核，考核评分表如表 1-4 所示。

表 1-4 线下考核表

序号	任务	内　　容	配分	得分
1	任务一	是否按照要求正确着装	10	
		是否将个人物品摆放至正确的位置	10	

续表

序号	任务	内容	配分	得分
2	任务二	是否在使用工、量、刀、夹具后,将其放回原位	10	
		对于丢失、损坏的工具,是否及时登记报损	10	
		在实训结束后,是否按要求做好设备的保养工作,是否及时报修有故障的设备	10	
3	任务三	是否做到遵守纪律,未在学习区出现嬉笑打闹、玩游戏等行为	10	
		是否严格遵守安全操作规程,未出现人身和机床事故	10	
		是否合理使用毛坯料,未出现浪费、乱扔、乱拿等现象	10	
		生产实习课结束后,是否做好清洁工作,并将清洁工具放回原位	10	
		是否爱护机床和生产实习车间其他设备,并在生产实习结束后,做好机床保养工作	10	
	总评			

项目二

榔头制作

一、项目目标

1. 总目标

能熟练运用车削、铣削和钳工技能制作榔头,并将安全操作规范和精益管理要求贯穿整个任务实施过程。

2. 分目标

(1) 学习并了解榔头的制作工艺过程,学会填写简单的工艺表格。

(2) 能用卧式普通车床车削(榔头柄)外圆、端面和台阶轴,并能将尺寸误差控制在一定范围内。

(3) 能用立式普通铣床铣削(榔头头部)平面,并能将尺寸和形状误差控制在一定范围内。

(4) 学习锯削、锉削、钻削等钳工技能,并能运用这些技能加工工件。

(5) 学会游标卡尺等常用测量工具的使用方法,并能正确测量工件尺寸。

(6) 通过制作榔头,树立安全操作规范和精益管理理念。

二、建议学时

54 学时。

三、学习过程

1. 项目描述

本项目是学习制作榔头。学生先分析图纸和评分标准,确定榔头的结构和尺寸,然后观看视频了解榔头的制作工艺过程,再通过车削、铣削、钳工等技术对毛坯料进行加工,完成榔头的制作。在制作过程中要严格遵守金工实训工作站的安全操作规范和精益管理制度。

2. 项目图纸

榔头零件图如图 2-1~图 2-3 所示。

12 金工技术

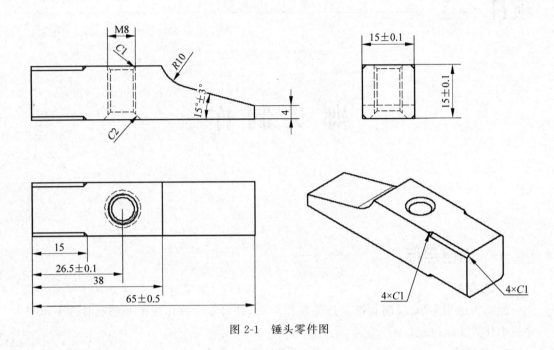

图 2-1　锤头零件图

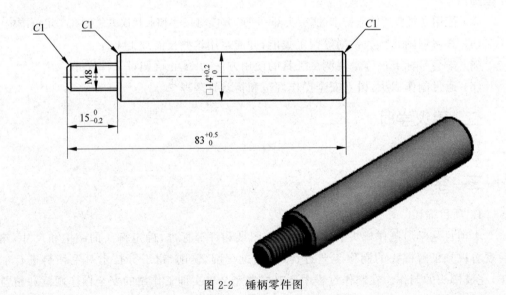

图 2-2　锤柄零件图

图 2-3 榔头装配图

3. 工量具准备

加工过程中,需要用到表 2-1 中的工量具。加工前请仔细检查工量具是否准备齐全。

表 2-1 工量具准备清单

序号	工具名称	工具型号/规格	工具用途	图 片	工具位置	数量
1	图纸	A4	加工依据			3
2	游标卡尺	0～150mm	测量		工位上	
3	钢直尺	0～150mm	测量或划线		工位上	
4	划针	$\phi6mm\times145mm$	划线		工位上	
5	划线高度尺	0～300mm	测高或划线		工位上	

续表

序号	工具名称	工具型号/规格	工具用途	图片	工具位置	数量
6	外圆车刀	95°	车削		工位上	
7	刀架钥匙		锁紧车刀		工位上	
8	卡盘钥匙		锁紧工件		工位上	
9	垫刀片		调整刀具高度		工位上	
10	加力杆		夹紧		工位上	
11	顶尖		对刀		工位上	
12	面铣刀	ϕ50mm	铣削		工位上	
13	刀杆		连接面铣刀		工位上	
14	梅花扳手	24~32mm	锁紧刀具		工位上	

续表

序号	工具名称	工具型号/规格	工具用途	图 片	工具位置	数量
15	平口钳扳手		锁紧工件		工位上	
16	活动扳手	24mm	锁紧螺母		工位上	
17	等高垫块		铣床上用		工位上	
18	钻床钥匙		锁紧麻花钻		工位上	
19	垫块		钻床上用		工位上	
20	丝锥	M8	攻内螺纹		自备	1
21	铰杠		攻内螺纹		工位上	
22	圆板牙	M8	套外螺纹		自备	1

续表

序号	工具名称	工具型号/规格	工具用途	图片	工具位置	数量
23	板牙牙架		套外螺纹		工位上	
24	锯弓	300mm	锯削		自备	1
25	半圆锉	200mm	锉削		自备	1
26	内六角扳手	世达	装拆刀片		自备	1
27	麻花钻	ϕ6.8mm	钻孔		自备	1
28	倒角钻	16mm	倒角		自备	1
29	护目镜		防护眼镜		自备	没有戴眼镜的需备有护目镜

续表

序号	工具名称	工具型号/规格	工具用途	图片	工具位置	数量
30	毛刷		清除铁屑		自备	1

四、项目实施

任务一　图纸分析及工艺流程编写

1．任务目标

(1) 学会分析图纸，了解榔头的结构和尺寸要求。

(2) 学会抄画榔头的零件图及评分表。

(3) 熟悉榔头的加工工艺过程并填写工艺流程表。

2．学时安排

4课时。

3．任务分析

(1) 任务描述：分析图纸，抄画榔头的零件图及评分表，在表2-2和表2-3中填写工艺流程表。

榔头图纸的工艺分析视频

表 2-2　制作锤柄的工艺流程表

序号	名称	内容
1	平端面	车削圆柱的一个端面，方便控制锤柄的总长
2		

表 2-3　锤头的工艺流程表

序号	名称	内容
1	备料	用锯弓锯出 67mm×25mm×25mm 的长方体钢条
2		

续表

序号	名 称	内 容

(2) 任务流程：如表2-4所示。

表 2-4 任务一流程

步 骤	内 容
1	识读图 2-1～图 2-3，了解榔头的结构和尺寸要求
2	在实训手册上抄画榔头的三个零件图及对应的评分表
3	填写表 2-3 和表 2-4，拍照上传系统

(3) 任务准备：画图工具一套、圆珠笔。

4. 考核要求

将实训手册交给教师进行考核，如图 2-4 所示。

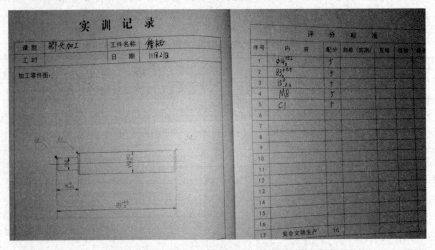

图 2-4 实训手册上抄画榔头的零件图及评分表

相关知识

1. 锤头尺寸

1) 尺寸

在图 2-5 中，$83^{+0.5}_{0}$ 表示锤柄的总长为 $83^{+0.5}_{0}$ mm；$15^{0}_{-0.2}$ 表示锤柄与锤头配合处长为 $15^{0}_{-0.2}$ mm。$83^{+0.5}_{0}$ mm、$15^{0}_{-0.2}$ mm 用特定单位表示长度大小的数值称为尺寸。一般情况下，尺寸书写必须带上单位，但是技术制图国家标准规定，在图样上，当尺寸单位为

毫米时,可以省略不标。

2) 误差

图 2-5 中要求锤柄的总长为 $83^{+0.5}_{0}$ mm,但是不同的人加工出的锤柄的尺寸不一样,有的加工成 83.10mm,有的加工成 83.60mm,还有的加工成 82.80mm,即实际尺寸与图样要求尺寸有差别,这个差别称为误差。

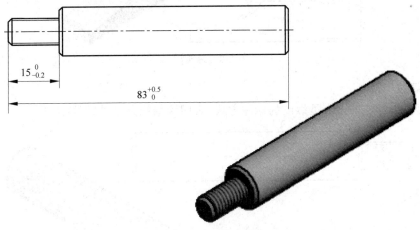

图 2-5 锤柄零件尺寸图

有误差,不一定说这个尺寸就错了,误差不大的情况下,我们还可以判定这个尺寸是合格的。

3) 极限尺寸

对 $83^{+0.5}_{0}$ mm 这个尺寸来说,允许锤柄最长达到 83+0.5=83.5(mm),允许锤柄最短达到 83+0=83(mm),超出这个范围,尺寸就不合格了。

83.5mm 就是锤柄的最大极限尺寸,83mm 就是锤柄的最小极限尺寸。零件加工后的实际尺寸,应介于两极限尺寸之间,否则这个尺寸就不合格。

同样地,对 $15^{0}_{-0.2}$ mm 来说,其最大极限尺寸是 15+0=15(mm),最小极限尺寸是 15-0.2=14.8(mm),零件加工后的实际尺寸应在 14.8~15mm,否则这个尺寸就不合格。

2. 直径与半径

图 2-6 中标注的 $\phi 14^{+0.2}_{0}$ 是圆直径的标注方式,表明该结构是个圆面或圆柱面结构。

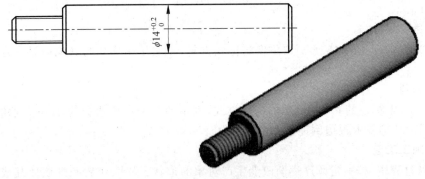

图 2-6 锤柄图

图 2-7 中标注的 $R10$ 是圆半径的标注方式,表明该结构是个圆弧或圆弧面结构。

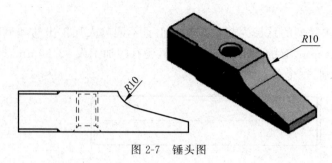

图 2-7　锤头图

3. 螺纹

图 2-8 中标注的 M8 是螺纹的标注方式,表明该结构是个外螺纹结构。

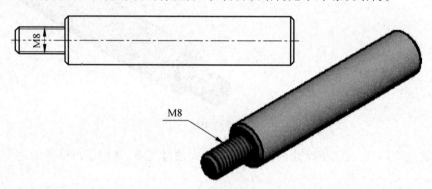

图 2-8　锤柄图

图 2-9 中标注的 M8 是螺纹的标注方式,表明该结构是个内螺纹结构。

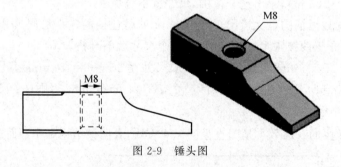

图 2-9　锤头图

4. 角度尺寸

图 2-10 中标注的 $15°\pm3°$ 是角度的标注方式,表明该结构是与其他面呈一定角度的平面。

5. 倒角

图 2-11 中标注的 $C1$ 是倒角的标注方式,倒角的 2 个直角边长为 1mm,倒角角度为 $45°$,表明该结构要求锐边倒钝。

6. 加工工艺

生产过程中,按一定顺序逐渐改变生产对象的形状、尺寸、位置和性质使其成为预期

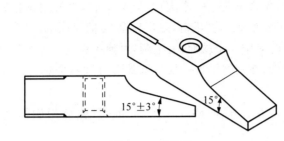

图 2-10 锤头图

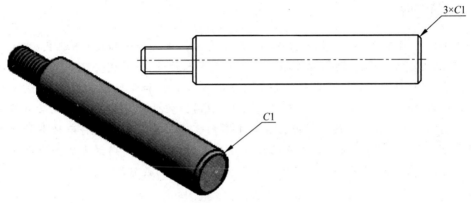

图 2-11 锤柄图

产品的主要过程称为工艺过程。

零件依次通过的全部加工过程称为工艺路线或工艺流程。由于工件产量、设备条件和工人技术情况不同,因此制定的工艺路线往往也不同。工艺的好坏,直接决定了零件的质量。

1) 榔头的制作工艺

在工艺流程中,学生根据实训场地设备使用情况及自身的学习进度,可以先用铣床加工锤头或者先用车床加工锤柄,也可以先完成钳工的锯割练习。

2) 榔头的装配

将锤头与锤柄螺纹处相互拧紧,完成榔头的装配。

榔头制作的加工工艺过程视频请扫码观看。

3) 锤柄的加工工艺过程

① 在车床上加工平圆柱的一个端面,然后车一端外圆至 $\phi 14_{\ 0}^{+0.2}$ mm,再倒 C1 的角。

② 掉头装夹车削另一端面,控制长度尺寸为 $83_{\ 0}^{+0.5}$ mm,车台阶轴部分时控制深度尺寸为 $15_{-0.2}^{\ 0}$ mm,外圆尺寸为 $\phi 7.92 \pm 0.04$ mm,再倒 C1 的角(2 处)。

③ 结束车削加工,最后在台虎钳上用板牙套出 M8 的螺纹。

4) 锤头的加工工艺过程

① 用锯弓锯出 75mm×25mm×25mm 的长方体钢条。

② 在铣床上加工,先铣削其中一个大面 A,去毛刺,再铣削其相邻的一个大面 B,去毛刺,接着铣削 B 的背面大面 C,去毛刺,最后铣削 A 的背面 D,去毛刺。

③ 铣削长度方向的其中一个端面,去毛刺,再掉头铣削另一个端面,去毛刺。

④ 完成六面铣削后,在划线平板上划出圆弧部分和斜面部分的加工线,同时划出螺纹孔的中心位置线。

⑤ 用钻床在孔的位置处钻出 $\phi 6.8^{+0.1}_{\ \ 0}$ mm 的孔,然后用倒角钻倒角,再用丝锥攻 M8 的螺纹。

⑥ 用锯弓锯除圆弧部分和斜面部分余料,用半圆锉刀锉出圆弧和斜面结构。

大国工匠

2010 年 6 月 6 日《文汇报》第一版中,刊登着由记者许琦敏报道的《沈良:"嫦娥一号"上有他的绝活》一文。这篇文章讲述了工艺技术人员沈良(见图 2-12),凭借着自己精湛的技艺,不但成功地解决了科研任务中众多的加工装校和仪器调试难题,还成功破解了国家级的难题。"尽管'隐身'在科研团队里,但因为他的绝活却在科研成果中闪烁着独特的光彩。"如果没有沈良这样一位经验丰富的优秀工艺人员在为科研任务的攻关提供强有力的支撑作用,科研人员再好的设计理念也难以实现,科研成果的产出也会严重受阻。这就是工艺技术在科学研究中占有重要一席之地的最好诠释。

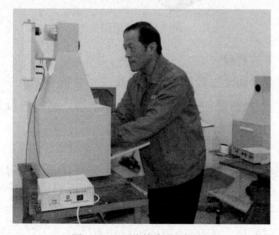

图 2-12 工艺技术人员沈良

任务二 锤头备料

1. 任务目标

(1) 学会用钢直尺和划针在毛坯料上划线。

(2) 学会用锯子锯断毛坯料。

(3) 掌握锯割要领并完成 5 条以上直线度和平面度达标的锯缝。

2. 学时安排

6 课时。

3. 任务分析

（1）任务描述：毛坯料上划出锯缝线，锯断毛坯料，锯割合格锯缝。

（2）任务流程：如表 2-5 所示。

表 2-5　锤头备料任务流程

步　骤	内　　容
1	到教师处领取 150mm×25mm×25mm 的 45 钢长方体毛坯料。用钢直尺检验毛坯料尺寸是否正确，若有较大出入，应第一时间向教师反映
2	在划线平板上，用钢直尺和划针在 150mm 的长度方向上中间位置处划出锯缝线，并用记号笔一端标注 1 号长方体，其余部分标注（锤头部分）2 号长方体（图 2-12）
3	用锯子沿着锯缝线锯断长方形毛坯料
4	在 1 号长方体钢块上，每隔 5mm 锯一条深 20mm 左右的锯缝，符合要求的锯缝应达 5 条以上（图 2-13）
5	清理台虎钳工位的卫生
6	将图 2-13 所示的锯割作业拍照上传系统

（3）任务准备：钢直尺、划针、锯子。

4. 考核要求

锯缝尺寸(3±0.60)mm，锯缝直线度和平面度均≤1mm，锯缝表面粗糙度 Ra≤100mm（中齿锯条），如图 2-13 所示。将锯割作业交给教师进行考核。

图 2-13　划线（左）和 5 条合格锯缝（右）

相关知识

1. 锤头制作材料

锤头制作过程中用的是 45 钢，可称为 s45c，也可称为油钢。

45 钢是一种优质的碳素结构钢，属于中碳钢，含碳量为 0.45% 左右，硬度不高，容易切削加工。

45 钢适用于制造较高强度的运动零件，如空压机、泵的活塞、蒸汽涡轮机的叶轮，重型及通用机械中的轧制轴、连杆、蜗杆、齿条、齿轮、销子等。图 2-14 所示是材料为 45 钢的蜗杆。

45 钢通常在调质或正火状态下使用，可代替渗碳钢，

图 2-14　材料为 45 钢的蜗杆

用于制造表面耐磨的零件,但须经过高频感应或者火焰淬火。

2. 测量工具及划线工具

1) 钢直尺

钢直尺的长度有 150mm、300mm、500mm 和 1000mm 四种规格。

如图 2-15 所示,由于钢直尺的刻线间距为 1mm,而刻线本身的宽度有 0.1～0.2mm,所以测量时读数误差比较大,只能读出毫米数,即它的最小读数值为 1mm,比 1mm 小的数值只能估计而得,所以钢直尺常用于测量毛坯料零件的长度尺寸或者划线。

图 2-15 钢直尺

2) 划针

如图 2-16 所示,划针常用工具钢或弹簧钢丝制成,也可用碳钢钢丝在端部焊上硬质的合金磨成尖,尖端磨成 15°～20°的尖角。

图 2-16 划针

划线时,划针针尖应紧贴钢尺移动,并向外侧倾斜 15°～20°,向划线方向倾斜 45°～75°,如图 2-17 所示。

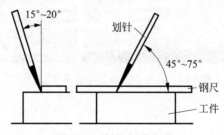

图 2-17 划针划线角度

划线时,要尽量做到一次划成,以使线条清晰、准确。

3) 划线平板

钳工的划线一般在划线平板上进行。

如图 2-18 所示,划线平板一般由铸铁制成,要求上平面平直、光洁。

划线平板长期不用时,应涂油防锈,加盖保护罩。

3. 锯削

1) 概念

用手锯对材料或工件切断或切槽等的加工方法称为锯削,如图 2-19 所示。

图 2-18 划线平板

图 2-19 锯削

2) 特点

锯削属于粗加工,精度低,平面度一般控制在 0.2～0.5mm。

3) 锯弓

锯弓是用来调节锯条松紧的,有固定式和可调式两种,如图 2-20 所示。

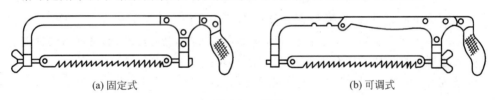

(a) 固定式　　　　　　　　　　　　(b) 可调式

图 2-20 锯弓

4) 锯条

(1) 锯条的材料。锯条是用碳素工具钢(如 T10 或 T12)或合金工具钢冷轧而成,并经热处理淬硬。

(2) 锯条的规格。锯条的尺寸规格以锯条两端安装孔间的距离来表示。钳工常用长度为 300mm,宽度为 11mm,厚度为 0.6～0.8mm 的锯条,如图 2-21 所示。

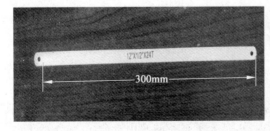 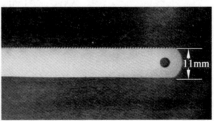

图 2-21 锯条的规格

锯条的粗细规格是按锯条上每25mm长度内齿数表示的。14~18齿为粗齿,24齿为中齿,32齿为细齿。

(3) 锯齿的角度。锯条的切削部分由许多锯齿组成,如图2-22所示。

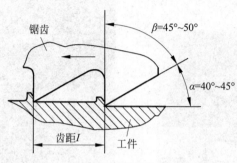

图 2-22 锯齿角度

(4) 锯条的安装。手锯是在前推时才起切削作用,因此锯条安装应使齿尖的方向朝前,如果装反了,则锯齿前角为负值,就不能正常锯割了,如图2-23所示。

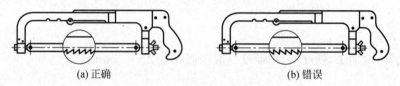

图 2-23 锯条安装

在调节锯条松紧时,蝶形螺母不宜旋得太紧或太松。太紧时锯条受力太大,在锯割中用力稍有不当就会折断;太松则锯割时锯条容易扭曲,也易折断,而且锯出的锯缝容易歪斜。其松紧程度可用手扳动锯条,感受硬实即可。

锯条安装后,要保证锯条平面与锯弓中心平面平行,不得倾斜或扭曲,否则,锯割时锯缝极易歪斜。

(5) 锯路。锯条的锯齿按一定形状左右错开成一定形状称为锯路,如图2-24所示。

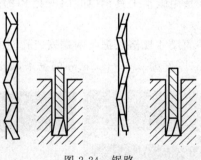

图 2-24 锯路

锯路的作用:锯条的锯路使工件上的锯缝宽度大于锯条背部的厚度,减小了锯削过程中产生的摩擦,避免"夹锯"和锯条折断现象,延长了锯条的使用寿命。

5）工件夹持

台虎钳为钳工必备工具,安装在钳工台上,用以夹稳加工工件。

钳工的大部分工作都是在台钳上完成的,如锯削、锉削、錾削、攻螺纹等。

台虎钳的规格以钳口的宽度为标定规格,常见规格有 75mm、100mm、125mm、150mm。

台虎钳实物及结构如图 2-25 所示,由底座、活动钳身、固定钳身、丝杠、手柄等组成。活动钳身通过导轨与固定钳身的导轨作滑动配合。丝杠装在活动钳身上,可以旋转,但不能轴向移动,并与安装在固定钳身内的丝杠螺母配合。摇动手柄使丝杠旋转,就可以带动活动钳身相对于固定钳身做轴向移动,起夹紧或放松的作用。弹簧借助挡圈和开口销固定在丝杠上,其作用是当放松丝杠时,可使活动钳身及时地退出。在固定钳身和活动钳身上,各装有钢制钳口,并用螺钉固定。钳口的工作面上制有交叉的网纹,使工件夹紧后不易产生滑动。钳口经过热处理淬硬,具有较好的耐磨性。固定钳身装在转座上,并能绕转座轴心线转动,当转到要求的方向时,扳动夹紧手柄使夹紧螺钉旋紧,便可在夹紧盘的作用下把固定钳身固紧。转座上有三个螺栓孔,用以与钳台固定。

 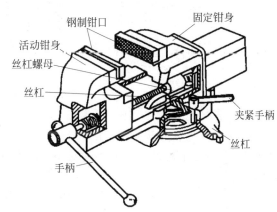

图 2-25　台虎钳实物及结构

锯削时工件一般应夹在台虎钳的左面,如图 2-26 所示,以便操作。

 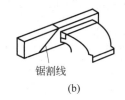 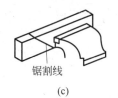 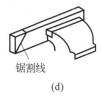

锯割线　　　　　锯割线　　　　　锯割线　　　　　锯割线
　(a)　　　　　　 (b)　　　　　　　(c)　　　　　　　(d)

图 2-26　工件夹持

工件伸出钳口不应过长,应使锯缝离开钳口侧面约 20mm,防止工件在锯割时产生振动。

工件的锯缝线要与铅垂线方向一致,避免锯缝歪斜。

夹紧的工件要牢靠,避免锯削过程中因工件抖动或松动而造成锯条断裂。

使用台虎钳的注意事项如下。

(1) 夹紧工件时要松紧适当,只能用手扳紧手柄,不得借助其他工具加力。

(2) 强力作业时,应尽量使力朝向固定钳身。

(3) 不许在活动钳身和光滑平面上敲击作业。

(4) 丝杠、螺母等活动零件的表面应经常清洗、润滑,以防生锈。

6) 起锯

(1) 握锯姿势。为保证锯削的质量和效率,必须要有正确的握锯姿势、站立姿势,锯削动作要协调、自然,如图 2-27 所示。

(2) 锯条定位及起锯方式。起锯是锯削工作的开始,起锯的好坏直接影响锯削的质量,起锯方式有近起锯和远起锯两种,如图 2-28 所示。

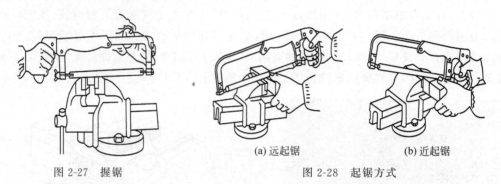

图 2-27 握锯　　　　　　图 2-28 起锯方式

一般情况下采用远起锯,因为远起锯时锯齿是逐步切入材料的,不易被卡住。无论采用哪一种起锯方法,起锯角一般以不超过 15°为宜。如果起锯角太大,锯齿易被棱边卡住,容易发生崩齿;起锯角太小,则不易切入材料,锯条还可能打滑,把工件表面锯坏。

为了起锯的位置准确和平稳,可用左手大拇指挡住锯条来定位,如图 2-29 所示。

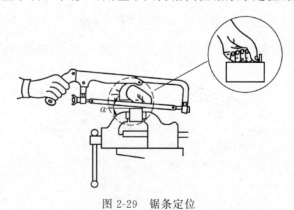

图 2-29 锯条定位

起锯时压力要小,往返行程要短,速度要慢,这样可以使起锯平稳。

7) 锯削方法

锯削时,手握锯弓要舒展自然,右手握住手柄推锯以控制推力和压力,左手扶正锯弓。锯削方法根据锯弓运动方式有直线型锯法和波浪型锯法两种。

8)锯削速度

锯削速度一般为每分钟 40 次左右,锯削软材料时略快,锯削硬材料时略慢。锯削过程中应保持匀速,返回行程的速度则相对快些,以提高锯削效率。

任务三　铣削长方体六平面

1. 任务目标

(1)完成与教师的七个对话提问(见本任务结尾)。
(2)学会铣床的基本操作。
(3)学会游标卡尺、游标深度尺等工量具的正确使用。
(4)正确铣削长方体六个平面。

2. 学时安排

12 课时。

3. 任务分析

(1)任务描述:通过学习铣床相关操作,完成长方体六个平面的铣削。
(2)任务流程:如表 2-6 所示。

榔头长方体的铣削

表 2-6　铣削长方体六平面的任务流程

步　骤	内　　容
1	学习相关知识,完成与教师的七个对话提问
2	检查铣床各手柄位置,判定铣床是否处于停机锁定状态
3	将刀杆和铣刀装到铣床主轴上旋紧
4	用毛刷清理铣床平口钳,把两个等高垫块分别靠紧在钳口两侧,将 2 号长方体工件装在等高垫块上,调整位置及水平,然后夹紧
5	转动 X、Y、Z 三个方向的手轮,将工件移至铣刀正下方
6	开机,并让铣刀低速正转
7	缓慢转动 Z 向手轮,让工件缓慢上升至与旋转中的铣刀接触,以达到 Z 向对刀的目的
8	按照图 2-43 的过程依次铣削长方体六个平面,达到图 2-1 尺寸要求
9	清理铣床卫生
10	分析铣削结果,填写铣削尺寸误差分析表
11	将工件及表 2-7 拍照上传评价系统

(3)任务准备:铣床、毛刷、平口钳扳手、等高垫块、橡胶锤、游标卡尺、游标深度尺、铣刀、连杆、梅花扳手、活动扳手、内六角扳手。

4. 考核要求

将工件及铣削尺寸误差分析表交给教师进行考核(见表 2-7)。

表 2-7 铣削尺寸误差分析表

序号	尺寸要求	自测尺寸	误差原因分析

相关知识

1. 炮塔铣床

铣削锤头用的是炮塔铣床,炮塔铣床的结构如图 2-30 所示,主要由床身、横梁、升降台、纵向工作台、横向工作台、主轴及主传动系统、铣刀心轴(简称刀轴)、主传动系统电动机、底座等组成。

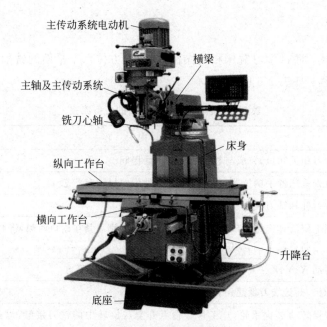

图 2-30 炮塔铣床的结构

1) 床身

床身是机床的主体,用来安装和连接机床其他部件。

床身的前壁有燕尾形的垂直导轨,用于升降台上下移动;床身的上面有水平导轨,横梁可在上面移动;床身内装有主轴和主运动变速系统及润滑系统,床身的后面部分装有电动机。

2) 横梁

横梁用来支撑铣刀心轴外端。

拧紧床身侧面的两个螺母,可以把横梁固定在床身上;旋松螺母,可以使横梁伸出需要的长度。

3）升降台

升降台用来支持工作台,并带着工作台上下移动。

机床进给传动系统中的电动机、变速机构和部分传动件都安装在升降台内。

4）纵向工作台

纵向工作台用来安装分度头、夹具和工件,并带着它们作纵向(左右)移动。

工作台面上有三条 T 形槽,用来安装 T 形螺栓。工作台前侧面有一条 T 形槽,用来固定自动挡铁,以便实现半自动操纵。拧紧工作台下部前侧面的四个螺钉,可使纵向工作台固定不动。

5）横向工作台

纵向工作台与升降台之间的一部分称为横向工作台,用来带动纵向工作台作横向(前后)移动。

6）主轴及主传动系统

主轴及主传动系统用来使铣刀做旋转运动,以便切削工件。

主传动系统由电动机、变速机构和主轴等组成。

7）铣刀心轴(简称刀轴)

刀轴用来安装铣刀,它的一端是锥柄,安插在主轴锥孔中,另一端由安装在横梁上的挂架支持,刀轴的转动直接由主轴带动。

8）主传动系统电动机

主传动系统电动机通过变速机构中的齿轮使主轴做旋转运动。

9）底座

底座用来承受铣床的全部重量,并盛放冷却润滑液。

2. 刀具

1）铣刀

铣刀是一种旋转使用的多齿刀具。

铣削时经常是多齿进行切削,因此生产效率较高。

由于铣刀刀齿的不断切入、切出,铣削力不断变化,故而铣削容易产生振动。

铣刀的种类有很多,常用的有面铣刀、指状铣刀等。

铣削锤头用的铣刀是面铣刀(见图 2-31)。

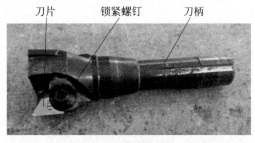

图 2-31 面铣刀

2) 铣刀的安装

(1) 装、换刀片

铣削加工前,需给刀柄装上刀片;或者在铣削过程中刀片崩刃,需更换崩掉的刀片。

更换刀片时,先用内六角扳手拧松锁紧螺钉,如图 2-32(a)所示,取出崩掉的刀片后,换上好的刀片,再拧紧锁紧螺钉。一般顺时针是拧紧锁紧螺钉,逆时针是拧松锁紧螺钉。刀片安放时要前刀面朝上,如图 2-32(b)所示。

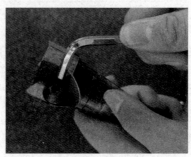

(a) 装、换铣刀片

(b) 铣刀刀片

图 2-32　更换刀片

(2) 装刀

连杆和刀柄通过螺纹连接,如图 2-33 所示。

安装铣刀时,从铣刀心轴的上方插入连杆,从铣刀心轴的下方插入刀柄,先用手预旋紧,再改用梅花扳手旋紧,旋紧时左手压紧主轴刹车手柄,右手用梅花扳手旋紧连杆。

3. 工件的装夹

1) 平口钳

铣床上用来装夹工件的装置叫平口钳,其结构主要由钳体、固定钳口、固定钳口铁、活动钳口铁、活动钳口、活动钳身、丝杠方头、压板、底座、定位键、钳体零线、螺栓等组成,如图 2-34 所示。

2) 工件装夹在平口钳中间

中小尺寸、形状简单的工件,一般装夹在平口钳中间,如图 2-35 所示。

图 2-33 装刀

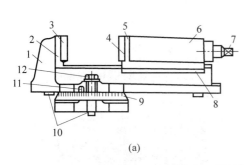 

图 2-34 平口钳示意图和实物图

1—钳体；2—固定钳口；3—固定钳口铁；4—活动钳口铁；5—活动钳口；6—活动钳身；
7—丝杠方头；8—压板；9—底座；10—定位键；11—钳体零线；12—螺栓

  为了保证平口钳在铣床工件台上的正确位置,应把平口钳底面的定向键靠紧在台面中 T 形槽的一个侧面。如果没有定向槽或者具有回转刻度盘的平口钳,则可用直角尺或者划针来校正虎钳的固定钳口。对于安装精度要求比较高的场合,可使用百分表校正。

  平口钳的定位面是导轨面和固定钳口,在平口钳中装夹工件时,必须使工件的基准面贴紧这两个面。对于较薄的工件,可在工件下面垫上等高垫块。在夹紧工件时,要用橡胶锤或者榔头柄轻轻敲打工件,使工件的下面贴紧。

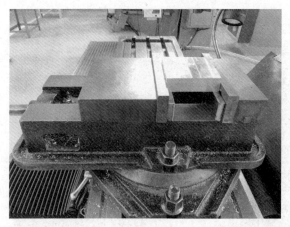

图 2-35 工件装夹在平口钳中间

如果工件上用平口钳平紧的两个面,一个是已加工的面,另一个是毛坯料面,为了保证铣出的平面与已加工面垂直,可使已加工面和固定钳口接触,并在活动钳口和毛坯料面之间垫一根圆棒或者一块撑板。

在平口钳中装夹工件时,工件放置的位置要适当,既要夹得紧,以使工件在加工中稳定,又要防止工件被夹变形。

4. 开机

1)开机、关机顺序

(1)开机前检查的步骤如图 2-36 所示。

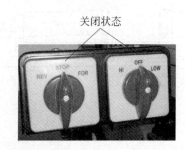

图 2-36 开机前检查按钮和旋钮状态

① 检查机床"急停"按钮是否处于按下状态。
② 检查各手柄的原始位置是否正常。
③ 手摇各进给手柄,检查各进给方向是否正常。
④ 检查各进给方向自动进给停止挡铁是否在限位柱范围内,是否紧固。
⑤ 检查铣刀安装是否旋紧。
⑥ 检查铣刀与工件是否保持安全距离。

(2)开机顺序

打开空气开关 → 打开"急停"按钮 → 按下机床"启动"键 → 打开"低速"旋钮 → 打

开"正转"旋钮,查看主轴是否顺时针旋转,旋转状态是否正常。

(3) 问题处理

① 如果主轴晃动严重,立即按下"急停"按钮,排除故障。

② 如果主轴逆时针旋转,将旋钮旋到另一边。

2) 正转与反转

铣削工件时应注意铣刀的旋转方向,保证前刀面切入工件。

正、反转按钮和控制铣刀旋转方向的旋钮如图2-37所示。

 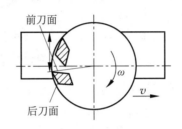

(a) 正、反转按钮　　　　(b) 铣刀的正转状态

图 2-37　正、反转按钮和铣刀的旋转状态

一般情况下都选择正转(顺时针方向),让刀片的前刀面先切入工件。如果铣刀反转,刀片的后刀面先切入工件,则容易崩刀。

3) 低速与高速

低速与高速控制旋钮如图2-38所示。

铣削时,铣刀每个刀齿都是间歇地进行切削加工,当刀刃的散热条件好时,切削速度可以选择高些。一般情况下,粗铣旋转选择低速,精铣旋转选择高速。

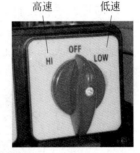

图 2-38　控制转速旋钮

5. 铣削方式

端铣时,根据铣刀和工件的相对位置不同,可分为对称铣削和不对称铣削。

1) 对称铣削

图2-39(a)所示为用面铣刀铣平面时,铣刀处于工件铣削层宽度中间位置的铣削方式,称为对称端铣。

若用纵向工作台进给作对称铣削,工件的削层宽度铣刀轴线的两边各占一半,如图2-39(a)所示。左半部为进刀部分,是逆铣;右半部分为出刀部分,是顺铣。作用在工件上的纵向分力在中分线两边大小相等,方向相反,所以工作台在进给方向不会产生突然拉动现象。但是,此时作用在工作台横向进给方向上的分力较大,会使工作台沿横向产生突然拉动,因此铣削前必须紧固横向工作台。

基于上述原因,用面铣刀进行对称铣削时,只适用于加工短而宽或较厚的工件,不宜铣削细长或较薄的工件。

2) 不对称铣削

如图2-39(b)、(c)所示,用面铣刀铣削平面时,工件铣削层宽度在铣刀中心两边不相等的铣削方式,称为非对称铣削。

非对称铣削时,当进刀部分大于出刀部分时称为逆铣,如图 2-39(b)所示;反之称为顺铣,如图 2-39(c)所示。

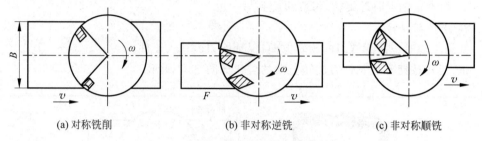

(a) 对称铣削　　　　　　(b) 非对称逆铣　　　　　　(c) 非对称顺铣

图 2-39　对称铣削与不对称铣削

顺铣时,同样有可能拉动工件台,造成严重后果,故一般不采用。

逆铣时,刀齿开始切入时的切周厚度较薄,切削刃受到的冲击较小,并且切削刃开始切入时无滑动阶段,故可提高铣刀的寿命。

铣削加工的一般经济精度为尺寸公差等级达 IT10~IT8 级,表面粗糙度值为 R_a6.3~1.6μm。

6. 进给量

1) Z 向进给

Z 向进给手轮控制工作台的 Z 向垂直进给,顺时针上升,逆时针下降。

刻度盘上每一小格代表 0.01mm,如图 2-40 所示。根据铣刀刀片质量的不同,一刀铣削完成后进入下一刀的铣削,一般进给量选择 0.1~0.3mm(有的铣床每一小格是 0.02mm)。

图 2-40　Z 向进给控制

Z 向进给手柄与传动手轮以花键的形式啮合,需要进给时,两者啮合。进给完成后,两者脱开。

2) X 向进给

X 向进给手轮控制工作台的 X 向左右进给,顺时针向右,逆时针向左。

刻度盘上每一小格代表 0.02mm，如图 2-41 所示。

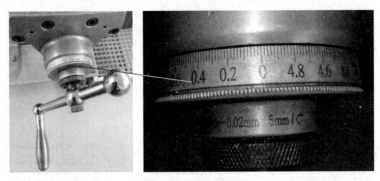

图 2-41　X 向进给控制

3）Y 向进给

Y 向进给手轮控制工作台的 Y 向前后进给，顺时针向里，逆时针向外。
刻度盘上每一小格代表 0.02mm，如图 2-42 所示。

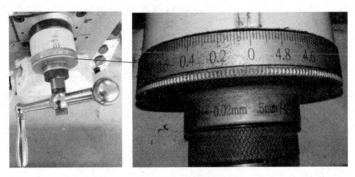

图 2-42　Y 向进给控制

7. 铣削过程

首先用毛刷将平口钳表面及凹槽内铁屑刷干净。

为了保证铣削六面体的形位公差，一般应按顺序对六面体进行铣削。

1）铣削 A 面（见图 2-43(a)）

工件以 B 面为粗基准面，并靠向固定钳口，在平口钳导轨面上垫上平行垫铁，夹紧工件。

选择合适的主轴转速和进给量，操纵机床各手柄，使工件处于铣刀下方，开启主轴，升降台带动工件缓缓升高，使铣刀刚好切削到工件后停止上升，移出工件。工作台 Z 向升高 0.2mm，采用纵向机动进给，铣出 A 面，表面粗糙度 R_a 值小于 6.3μm。这个面光出即可，用 D 面来控制尺寸。

用锉刀去除毛刺，锐边倒角。

2）铣削 B 面（见图 2-43(b)）

工件以 A 面为精基准面，将 A 面与固定钳口贴紧，在平口钳导轨面上垫上适当高度的平行垫铁，夹紧工件。

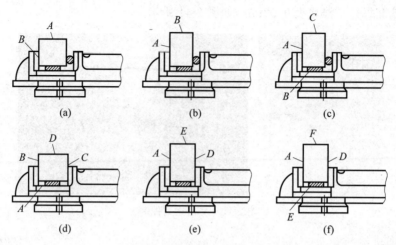

图 2-43 矩形工件铣削过程

操纵机床各手柄,使工件处于铣刀下方,开启主轴,当铣刀切削到工件后,移出工件,工作台 Z 向升高 0.2mm,铣出 B 面,并在垂向刻度盘上做好标记。这个面光出即可,用 C 面来控制尺寸。

卸下工件,用锉刀去除毛刺,锐边倒角。

使用 90°角尺检验 B 面对 A 面的垂直度。检验时观察 A 面与长边测量面缝隙是否均匀,或用塞尺检验垂直度的误差值,若测得 A 面与 B 面的夹角小于 90°时,则应在固定钳口的侧下方垫上铜皮或纸片。若测得 A 面与 B 面的夹角大于 90°时,则应在固定钳口的侧上方垫上铜皮或纸片。所垫纸片或铜皮的厚度应根据垂直度误差的大小而定,然后工作台 Z 向少量升高后再进行铣削,直至垂直度达到要求为止。

3)铣削 C 面(见图 2-43(c))

工件以 A 面为基准面,贴靠在固定钳口上,在平口钳导轨面上垫上平行垫铁,使 B 面紧靠平行垫铁后夹紧。

操纵机床各手柄,使工件处于铣刀下方,开启主轴,当铣刀切削到工件后,移出工件,工作台 Z 向升高 0.2mm,铣出 C 面(先光一刀)。

用深度尺测量工件的各点高度,若测得深度尺读数差值在允许范围内,则符合图样上平行度要求,否则需在低一些的垫块下方垫上铜皮或纸片。所垫纸片或铜皮的厚度应根据平行度误差的大小而定,然后再进行铣削,直至尺寸达到要求为止。

用锉刀去除毛刺,锐边倒角。

4)铣削 D 面(见图 2-43(d))

以工件 B 面为基准面,与固定钳口贴紧,A 面与导轨面上的平行垫铁贴合后夹紧工件。

操纵机床各手柄,使工件处于铣刀下方,开启主轴,当铣刀切削到工件后,移出工件,工作台 Z 向升高 0.2mm,铣出 D 面(先光一刀)。

用深度千分尺测量工件的各点高度,若测得千分尺读数差值在允许范围内,则符合图样上平行度要求,否则需在低一些的垫块下方垫上铜皮或纸片。所垫纸片或铜皮的厚度应根据平行度误差的大小而定,然后再进行铣削,直至尺寸达到要求为止。

用锉刀去除毛刺,锐边倒角。

5) 铣削 E 面(见图 2-43(e))

工件以 A 面为基准面,贴靠在固定钳口上,在平口钳导轨面上垫上平行垫铁,夹紧工件。

操纵机床各手柄,使工件处于铣刀下方,开启主轴,升降台带动工件缓缓升高,使铣刀刚好切削到工件后停止上升,移出工作。工作台 Z 向升高 0.2mm,采用纵向机动进给,铣出 E 面,表面粗糙度 R_a 值小于 $6.3\mu m$。这个面光出即可,用 F 面来控制尺寸。

用锉刀去除毛刺,锐边倒角。

6) 铣削 F 面(见图 2-43(f))

工件以 A 面为基准面,贴靠在固定钳口上,使 E 面与平口钳导轨面上的平行垫铁贴合,夹紧工件。

操纵机床各手柄,使工件处于铣刀下方,开启主轴,当铣刀切削到工件后,移出工件,工作台 Z 向升高 0.2mm,铣出 F 面(先光一刀)。

用深度尺测量工件的各点高度,若测得深度尺读数差值在允许范围内,则符合图样上平行度要求,否则需在低一些的垫块下方垫上铜皮或纸片。所垫纸片或铜皮的厚度应根据平行度误差的大小而定,然后进行铣削,直至尺寸达到要求为止。

8. 铣床操作注意事项

(1) 操作前,应认真检查铣床各部件及安全装置是否安全可靠,检查设备的电气部分是否良好。

(2) 铣削铸铁件时,操作人员应戴口罩。

(3) 操作时,严禁戴手套,以防卷入旋转刀具与工件之间。

(4) 工作台面禁放工量具和工件。

(5) 使用扳手紧固工件时,用力方向应避开铣刀,以防扳手打滑时,手撞到刀具或工、夹具上。

(6) 切削过程中,不要用手触摸工件,以免被铣刀伤到。

(7) 禁止用手清除铁屑,应用毛刷等专用工具。

(8) 加工时可采用粗铣一刀、再精铣一刀的方法提高表面加工质量。

(9) 用手锤轻击工件时,不要砸到已加工表面。

(10) 工作完成后,应将铣床的各手柄置于非工作位置,工作台放在中间位置,升降台落在下面并切断电源。

9. 检验工具

1) 游标深度卡尺

(1) 概述

深度游标卡尺用于测量零件的深度尺寸或台阶高低和槽的深度。

深度游标卡尺的结构特点是尺框的两个量爪连成一起成为一个带游标测量基座,基座的端面和尺身的端面就是它的两个测量面,如图 2-44 所示。

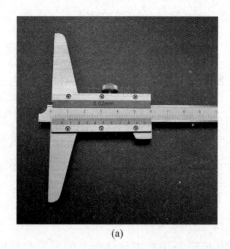 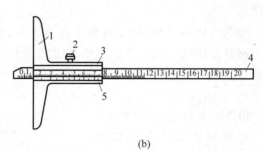

(a) (b)

图 2-44 深度游标卡尺实物图及示意图

1—测量基座；2—紧固螺钉；3—尺框；4—尺身；5—游标

（2）深度游标卡尺的使用方法

测量时，先把测量基座轻轻压在工件的基准面上，两个端面必须接触工件的基准面。

① 测量内孔深度：应把基座的端面紧靠在被测孔的端面上，使尺身与被测孔的中心线平行，伸入尺身，则尺身端面至基座端面之间的距离就是被测零件的深度尺寸，如图 2-45 所示。

② 测量轴类台阶深度：测量基座的端面一定要压紧在基准面，再移动尺身，直到尺身的端面接触到工件的量面（台阶面）上，然后用紧固螺钉固定尺框，提起卡尺，读出深度尺寸，如图 2-46 所示。

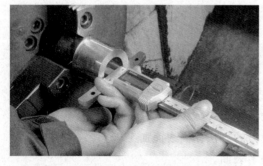 

图 2-45 测量内孔深度　　　　　　　图 2-46 测量轴类台阶深度

③ 测量多台阶深度：多台阶深度的测量，要注意尺身的端面是否在要测量的台阶上，如图 2-47 所示。

2）直角尺

直角尺也叫 90°角尺，一般用来检验相邻两面的垂直度，如图 2-48 所示。

测量前，先用锉刀将工件的锐边去毛刺、倒钝，再将直角尺尺座的测量面紧贴工件基准面，从上轻轻向下移动至角尺的测量面与工件被测面接触，眼光平视观察其透光情况。误差值的大小，可用塞尺做塞入检查。

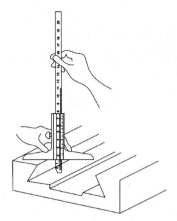

图 2-47 测量多台阶深度

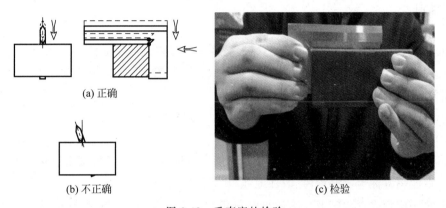

图 2-48 垂直度的检验

3) 游标卡尺

(1) 概述

利用游标原理对两同名测量面相对移动分隔的距离进行读数的测量器具称为游标卡尺。

(2) 结构

游标卡尺的结构如图 2-49 所示。

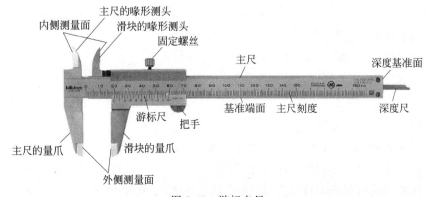

图 2-49 游标卡尺

(3) 游标卡尺的基本参数

① 标尺间距：主尺尺身上的标尺间距为 1mm。

② 测量范围：常用有 0～150mm、0～200mm、0～300mm 等。

③ 分度值（即测量精度）：游标卡尺的分度值有 0.02mm、0.05mm 和 0.10mm 三种。一般来说，分度值越小，测量器具的精度越高。

(4) 标记原理

以分度值为 0.02mm 的游标卡尺为例。

① 尺身上主尺每小格长度为 1mm。

② 当两测量抓合并时，游标尺上的 50 格刚好与主尺上的 49mm 对正，则游标尺间距（每小格长度）为 49/50＝0.98(mm)。

③ 主尺间距与游标尺间距每格相差 1－0.98＝0.02(mm)，0.02mm 就是该游标卡尺的分度值。

(5) 读数方法

① 读整数：在主尺上读出位于游标尺零线左边最接近的整数值。

② 读小数：用游标尺上与主尺刻线对齐的刻线格数，乘以游标卡尺的分度值，读出小数部分。

③ 求和：将两项读数值相加，即为被测尺寸数值。

(6) 使用注意事项

① 根据测量要求正确选用游标卡尺，不能用游标卡尺去测量精度要求过高的工件。

② 不能用游标卡尺测量铸、锻件毛坯料尺寸。

③ 使用前要检查游标卡尺测量爪和测量刃口是否平直无损；两量爪贴合时无漏光现象，主尺和游标尺的零线是否对齐。

④ 测量外尺寸时，卡尺测量面的连线应垂直于被测量表面，不能偏斜。

⑤ 测量内尺寸时用内量爪测量，位置要正确，不得倾斜。

⑥ 测量孔深或高度尺寸时，应使深度尺的测量面紧贴孔底，深度基准面与被测件的顶端平面贴合，同时保持深度尺与该平面垂直。

⑦ 读数时，游标卡尺应置于水平位置，视线垂直于刻线表面，避免视线歪斜造成读数误差。

10. 与教师对话提问

(1) 铣床的开、关机顺序是怎样的？

(2) 铣床加工时，一般用正转还是反转、低速还是高速切削？

(3) 平口钳上装工件，要用什么工具？应如何操作？要注意哪些要点？

(4) 如何往铣床上装铣刀？

(5) 铣床如何对刀？说说具体的操作步骤。

(6) 长方体六个面的铣削顺序是怎样的？

(7) 粗铣和精铣时铣削背吃刀量（进刀深度）一般分别用多少？

任务四　加工锤头舌部结构及头部

1. 任务目标

(1) 学会高度游标卡尺、角度样板等工量具的正确使用。
(2) 掌握锉削相关操作要领及检测方法。
(3) 正确锉削完成锤头舌部及头部结构。

2. 学时安排

8 课时。

3. 任务分析

(1) 任务描述：通过学习锉削相关操作，完成锤头舌部结构及头部的锉削。
(2) 任务流程：如表 2-8 所示。

表 2-8　加工锤头舌部的任务流程

步　骤	内　　容
1	用游标卡尺量出铣削后六面体工件的实际尺寸 A，算出中间位置尺寸 $A/2$
2	在高度游标卡尺上调出尺寸 $A/2$ 对应的位置
3	在划线平板上，将六面体靠在靠铁上，用调整好高度位置高度的游标卡尺在六面体长平面上用划针划出表示中间位置的线。如图 2-50(a)所示
4	根据锤头图纸尺寸要求，在该平面上划出孔的位置线。如图 2-50(a)所示
5	用角度样板和划针在侧面上划出锤头舌部的斜线。如图 2-50(b)所示
6	用钢直尺和划针在同一侧划出圆弧过渡的线。如图 2-50(b)所示
7	利用锯弓锯出斜面
8	用板锉锉出斜面，用角度样板检查斜面角度
9	用半圆锉锉出圆弧面，要求斜面与圆弧面自然过渡，用半径规检查圆弧半径
10	用板锉锉出锤头头部的四处倒角
11	清理台虎钳工位的卫生
12	将加工好的锤头舌部及头部拍照上传系统

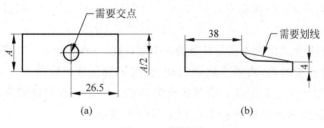

图 2-50　划线图

(3) 任务准备：板锉、半圆锉、游标卡尺、划线平板、划针、角度样板、高度游标卡尺、靠铁、铁锤、样冲。

4. 考核要求

榔头的圆弧及斜面加工是精益求精的过程，需要花时间去打磨。将加工好的锤头舌部及头部工件交给教师进行考核。

相关知识

1. 划线

1) 概念

在毛坯料或半成品工件上,用划线工具划出待加工部位的轮廓线或作为基准的点和线的操作叫作划线。

2) 划线的种类

平面划线和立体划线如图 2-51 所示。

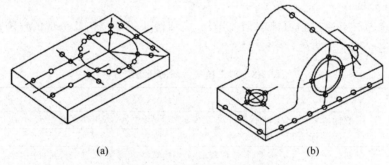

图 2-51 平面划线和立体划线

只需在工件的一个表面上划线就能明确表示加工界限的称为平面划线。

需要在工件的几个互成不同角度的表面上划线才能明确表示加工界限的称为立体划线。一般是指在工件长、宽、高三个方向上划线。

3) 划线工具

(1) 高度游标卡尺

高度游标卡尺主要用途是测量工件的高度和划线,如图 2-52 所示。

高度游标卡尺的使用注意事项如下。

① 测量前应擦净工件测量表面和高度游标卡尺的主尺、游标、测量爪;检查测量爪是否磨损。

② 使用前,调整量爪的测量面与基座的底平面在同一平面,检查主尺、游标零线是否对齐。

③ 测量工件高度时,应将量爪轻微摆动,在最大部位读取数值。

④ 读数时,视线应正对刻线;用力要均匀,测力 3~5N,以保证测量的准确性。

⑤ 使用中,注意清洁高度游标卡尺测量爪的测量面。

⑥ 不能用高度游标卡尺测量锻件、铸件表面与运动工件的表面,以免损坏卡尺。

⑦ 长期不用的游标卡尺应擦净、上油,放入盒中保存。

(2) 角度样板

角度样板是检测有一定角度范围要求的两个平面的定制检具。

常用的角度样板有 15°、30°、45°、60°、90°等。一般需要按要求自制或者找厂家定制,如图 2-53 所示。

使用角度样板测量时,先用角度样板的一个面轻靠在待检测面上,再轻轻滑动角度

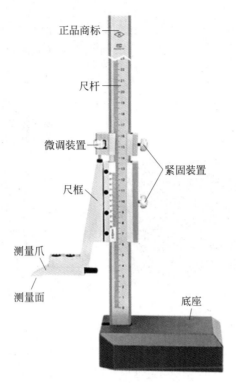

图 2-52 高度游标卡尺

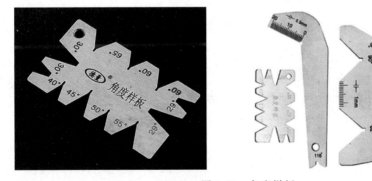

图 2-53 角度样板

样板,使角度样板的第二个面贴上另一个待检测面并使用透光法观察。如果透光均匀或完全不透光,则证明零件的加工角度与角度样板的角度一致。

钳工还可以用角度样板来划线。

2. 锉削

1) 概念

用锉刀切削工件表面多余的金属材料,使工件达到零件图纸要求的形状、尺寸和表面粗糙度等技术要求的加工方法称为锉削,如图 2-54 所示。

2) 特点及应用

锉削的最高精度可达 IT8～IT7,表面粗糙度值可达 $R_a 1.6 \sim 0.8 \mu m$。

锉削加工简便,应用范围很广。可以锉削如图 2-55 所示的平面、曲面、外表面、内孔、沟槽和各种形状复杂的表面,还可以配键、作样板、修整个别零件的几何形状等。

锉削是钳工的一项基本操作技能。

图 2-54 板锉的使用

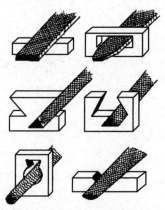

图 2-55 锉削各种面

3)锉刀工具及使用方法

（1）概述

锉刀是锉削的主要工具,常用碳素工具钢 T12、T13 制成,并经热处理淬硬至 HRC62～HRC67。

（2）结构

锉刀由锉刀面、锉刀边、锉刀尾、锉刀舌、锉刀柄等部分组成,如图 2-56 所示。锉刀的主要工作面是上、下两面。

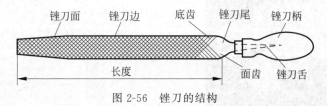

图 2-56 锉刀的结构

锉刀边是指锉刀的两个侧面,有齿边和光边之分。齿边可用于切削,光边只起导向作用。有的锉刀两边都没有齿,有的一边没有齿。没有齿的一边叫光边,其作用是在锉削内直角形的一个面时,用光边靠在已加工的面上去锉另一直角面,防止碰伤已加工表面。

锉刀舌用来安装锉刀柄,普通锉刀的柄是木质的,安装孔外应套有铁箍。安装时,先将锉刀舌轻轻插入锉刀柄的小圆孔中,然后用木槌敲打。也可将锉刀柄朝下,左手扶正锉刀柄,右手抓住锉刀两侧面,将锉刀舌镦入锉刀柄直至紧为止。拆锉刀柄要巧借台虎钳的力,将两钳口位置缩小至略大于锉刀厚度,用钳口挡住锉刀柄,用力将锉刀舌镦出柄部。锉刀柄的装卸如图 2-57 所示。

（3）种类

锉刀按用途可分为普通锉、特种锉和整形锉(什锦锉)三类。图 2-58 所示为五种普通锉刀及其适宜的加工表面。

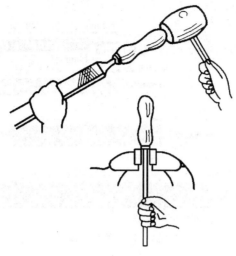

图 2-57 锉刀柄的装卸

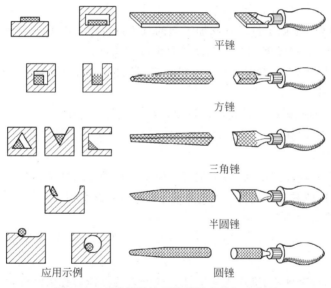

图 2-58 五种普通锉刀及其适宜的加工表面

普通锉：也叫钳工锉，按其截面形状可分为平锉、方锉、三角锉、半圆锉及圆锉五种。

① 平锉：用于锉削平面、凸形平面。

② 方锉：用于锉削凹槽、方孔。

③ 三角锉：用于锉削大于 60°的内表面、槽。

④ 半圆锉：用于锉削凹形曲面、大圆孔、小平面。

⑤ 圆锉：用于锉削圆孔、小半径曲面。

（4）规格

锉刀的规格主要指尺寸规格。尺寸规格是指锉身的长度，如图 2-59 所示。

（5）锉刀的选用

日常生产中，锉刀还必须明确锉齿粗细和截面形状。

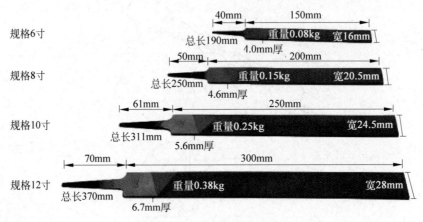

图 2-59 锉刀的尺寸规格

锉齿规格是指锉刀面上齿纹的疏密程度,可分为粗齿、中齿、细齿、油光锉等。

合理选用锉刀,可以保证加工质量,提高工作效率和延长锉刀寿命。

一般选择原则:根据工件形状和加工面的大小选择锉刀的形状和规格;根据材料软硬、加工余量、精度和粗糙度的要求选择锉刀齿纹的粗细。

粗锉刀的齿距大,不易堵塞,适宜于粗加工(即加工余量大、精度等级和表面质量要求低)及铜、铝等软金属的锉削。

细锉刀适宜于钢、铸铁以及表面质量要求高的工件的锉削。

油光锉只用来修光已加工表面,锉刀越细,锉出的工件表面越光,但生产率也就越低。

(6) 锉刀的保养

① 用钢直尺检查锉刀凸面,做上记号。较平一面用于粗加工,较凸一面用于精加工。

② 在粗锉时,应充分使用锉刀的有效全长,避免局部磨损。

③ 锉刀上不可沾油和沾水。

④ 不准用嘴吹锉屑,也不要用手清除锉屑。当锉刀堵塞后,应用钢丝刷顺着锉纹方向刷去锉屑。

⑤ 铸件表面如有硬皮,则应先用旧锉刀或锉刀的侧齿边锉去硬皮,然后再进行加工。

⑥ 放置锉刀时,不要使其露出工作台面,以防锉刀跌落伤脚;也不能把锉刀与锉刀叠放或锉刀与量具叠放。

⑦ 锉刀使用完毕时必须清刷干净,以免生锈。

4) 工件的夹持

(1) 长方体工件:如图 2-60 所示,工件超出钳口部分应为 15~20mm,并且要夹在钳口中间部分,加紧力要适当。若夹持已精加工的表面时,应在钳口加上衬垫。

(2) 圆柱体工件:夹持圆柱形工件时,应用 V 形块或 V 形钳口夹持;对于不规则、不便于夹持的工件,应借助其他辅助工具,如图 2-61 所示。

5) 锉削的动作要领

(1) 正确持锉刀

应根据锉刀种类、规格和使用场合的不同,正确握持锉刀,以提高锉削质量。

① 大锉刀的握法：右手心抵着锉刀木柄的端头，大拇指放在锉刀木柄的上面，其余四指弯在木柄的下面，配合大拇指捏住锉刀木柄，左手则根据锉刀的大小和用力的轻重，选用不同的姿势，如图 2-62(a)所示。

图 2-60　长方体工件的夹持

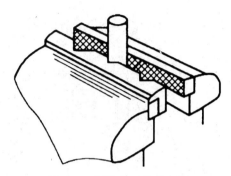

图 2-61　圆柱体工件的夹持

② 中锉刀的握法：右手握法同大锉刀握法，左手用大拇指和食指捏住锉刀的前端，如图 2-62(b)所示。

③ 小锉刀的握法：右手食指伸直，拇指放在锉刀木柄上面，食指靠在锉刀的刀边，左手几个手指压在锉刀中部，如图 2-62(c)、(d)所示。

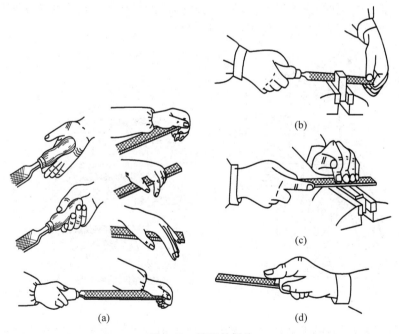

图 2-62　锉刀的握法

（2）姿势

正确的锉削姿势能够减轻疲劳，提高锉削质量和效率。

站立姿势如图 2-63 所示。锉削时,人站在台虎钳左侧,身体与台虎钳约成 75°,左脚在前,右脚在后,两脚分开约与肩膀同宽。身体稍向前倾,重心落在左脚上,使得右小臂与锉刀成一直线,左手肘部张开,左上臂部分与锉刀基本平行。

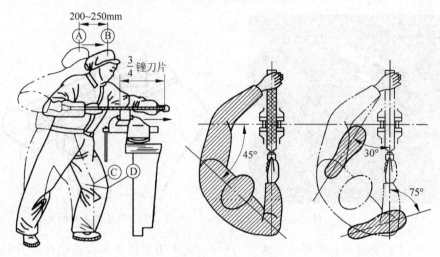

图 2-63 站立姿势

锉削姿势如图 2-64 所示。锉削姿势总的要求"协调、自然"。

① 推锉时,身体随锉刀适当前移,重心落在左脚上,左膝逐渐弯曲,同时右腿伸直,当前进至 3/4 锉刀长度时,身体不再前移,此时靠锉削的反作用力将身体逐渐回移,左膝的弯曲度也随之减小,同时两臂继续把锉刀推至尽头。

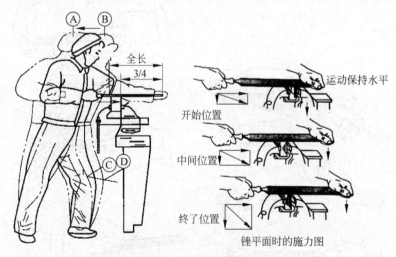

图 2-64 锉削姿势

② 回锉时,两手将锉刀略微抬起顺势收回,此时两手不加压力,动作要自然。

③ 正确的运锉方法如下。

锉削时,锉刀不得上下、左右晃动,两手用力要协调、平衡。锉刀的平直运动是锉削的关键。

锉削的力有水平推力和垂直压力两种。推力主要由右手控制,压力主要由两手控制。

由于锉刀两端伸出工件的长度随时都在变化,因此两手压力大小必须随之变化,使两手的压力对工件的力矩相等,这是保证锉刀平直运动的关键。

正确的运锉方法要求掌握锉削三字诀:稳、平、直。

(3) 锉削速度

一般为每分钟 40 次左右。太快,操作者容易疲劳,且锉齿易磨损;太慢,则锉削效率低。

6) 平面的锉削方法

(1) 顺向锉法

锉削时,锉刀始终沿某一方向做直线往复运动,由于顺向锉的锉痕整齐一致,比较美观,对于不大的平面和最后的锉光都采用这种方法,如图 2-65 所示。

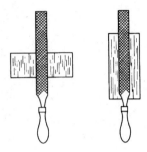

图 2-65 顺向锉法

(2) 交叉锉法

锉削时,锉刀的运动方向与工件夹持的水平方向成 50°~60°,且在交叉两个方向上锉削,锉纹交叉,易于去屑;由于锉刀与工件的接触面较大,锉刀容易掌握平稳,适用于大平面的粗锉,如图 2-66 所示。

(3) 推锉法

锉削时,两手对称地握住锉刀,用两个大拇指推动锉刀进行锉削。这种方法适用于较窄表面且已锉平、加工余量较小的情况,用来修正和减小表面粗糙度,如图 2-67 所示。

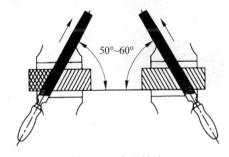

图 2-66 交叉锉法

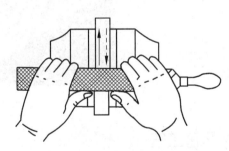

图 2-67 推锉法

7) 平面锉削时常用的检测方法

检测前,须先去毛刺,否则会影响工件检测精度。

(1) 透光法检测方法:如图 2-68 所示,平面度通常采用刀口尺通过透光法来检查。在工件检测面上,迎着亮光,观察刀口尺与工件表面间的缝隙,若有均匀、微弱的光线通过,则平面平直。误差值的大小,可用塞尺做塞入检查,取检测部位中的最大值。

刀口尺在使用时要注意保持刃口清洁,使用和存放要特别小心,防止刃口碰损。

(2) 塞尺检测方法:由一组具有不同厚度级差的薄钢片组成的量规,如图 2-69 所示。

塞尺用于测量间隙尺寸。检验被测尺寸是否合格时,可以用通此法判断,也可由检验者根据塞尺与被测表面配合的松紧程度来判断。

塞尺一般用不锈钢制造,最薄的为 0.02mm,最厚的为 3mm。自 0.02~0.1mm,各钢片厚度级差为 0.01mm；自 0.1~1mm，各钢片的厚度级差一般为 0.05mm；自 1mm 以上，钢片的厚度级差为 1mm。除了公制以外，也有英制的塞尺。

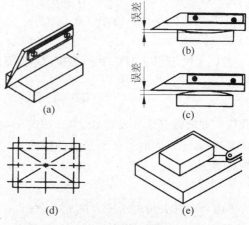

图 2-68 透光法检测方法

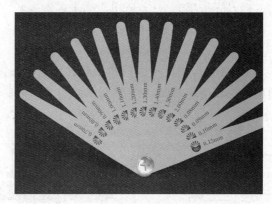

图 2-69 塞尺

大国工匠

52 岁的李凯军（见图 2-70）是一汽集团公司模具制造车间班长，吉林省高级专家，2019 年当选"大国工匠年度人物"。他曾在验收前最后 16 小时将模具误差控制在 0.02mm

图 2-70 李凯军

内,准备放弃在中国生产的加拿大客商当即追加 800 万元订单。这些年,由他操刀完成的复杂模具不计其数,他完成的大型变速箱中壳模具还得到了国外专家的高度认可,产品远销美国、加拿大等国家和地区。

(资料来源:邱珮峰.中国吉林网,2021-5-16)

任务五 钻孔、倒圆角、攻螺纹

1. 任务目标

(1) 完成与教师的三个对话提问(见本任务末)。

(2) 学会台式钻床的基本操作。

(3) 掌握对锤头钻孔、倒圆角、攻螺纹的操作。

2. 学时安排

6 课时。

锤头打孔
倒角攻螺纹

3. 任务分析

(1) 任务描述:通过台式钻床的相关操作,完成对锤头的钻削加工。

(2) 任务流程:如表 2-9 所示。

表 2-9 钻孔、倒圆角、攻螺纹任务流程

步 骤	内 容
1	学习相关知识,完成与教师的三个对话提问
2	用台式钻床在螺纹孔位置处用麻花钻钻出一个直径为 6.8mm 的孔
3	将麻花钻拆下,换上倒角钻,手动将打好的孔两边都倒上角
4	根据图 2-71 要求,在锤头底面孔螺纹处用 M8 丝锥攻出螺纹
5	清理钻床卫生
6	将加工好的锤头螺纹孔拍照上传系统

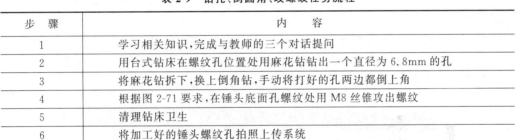

图 2-71 锤头螺纹孔

(3) 任务准备:

① 钻孔倒角:钻床、平口钳、平口钳扳手、$\phi 6.8$ 麻花钻、90°刃长 6mm 倒角钻、毛刷、游标卡尺。

② 攻螺纹:M8 丝锥、铰杠、台虎钳、润滑油、刀口角尺。

4. 考核要求

将加工好的锤头螺纹孔工件交给教师进行考核。

📝 **相关知识**

1. 概述

1）钻孔

钻孔就是用麻花钻在实体材料上加工孔的方法,如图 2-72 所示。

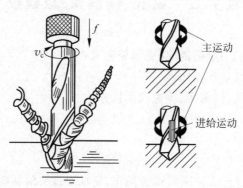

图 2-72 钻孔

钻孔在生产中是一项重要的工作,主要用于加工精度要求不高的孔或作为孔的粗加工。

钻孔可达到的标准公差等级一般为 IT11～IT10 级,表面粗糙度值一般为 R_a50～$12.5\mu m$。钻孔时,钻头绕其轴线旋转(主运动)并同时沿其轴线移动(进给运动)。

钻孔所用工具为麻花钻,一般由高速工具钢制成,如图 2-73 所示。

图 2-73 麻花钻

2）台式钻床设备

(1) Z4112 台式钻床(见图 2-74)。

用途:钻孔、扩孔、铰孔、锪孔、攻螺纹。

最大钻孔直径:12mm。

主轴锥度:莫氏短锥 B6。

主运动:主轴的旋转运动。

进给运动:主轴的轴向运动。

特点:不能自动进给,只能正转或停车。

(2) 钻床附件。

① 钻夹头

作用:夹持柄类工具的附件。

规格:最大夹持直径。

种类:螺纹连接和锥孔连接。

图 2-74 台式钻床

螺纹连接的钻夹头主要用在手电钻上,锥孔连接的钻夹头主要用在钻床上,如图 2-75 所示。安装麻花钻时,顺时针转夹紧,逆时针转松开。

图 2-75 钻夹头

② 钻夹头钥匙

钻夹头钥匙是把钥匙上的锯齿轮卡到钻夹头的锯齿轮上,顺时针拧紧钻夹头钥匙用于松紧钻夹头,使用时将钥匙头部的小圆柱体插入钻夹头部的小圆孔内,顺时针转动夹紧钻头,逆时针转动松开钻头,如图 2-76 所示。

图 2-76 钻夹头钥匙

3) 钻削用量

钻削用量三要素:切削速度、进给量、背吃刀量(见图 2-77)。

(1) 切削速度 v:钻孔时钻头直径上一点的线速度。

$$v = \frac{\pi d n}{1000}$$

钻大孔和深孔时需选择较小的钻削速度。

(2) 进给量 f:主轴每转一圈,钻头相对工件沿主轴轴线的相对移动量(mm/r)。

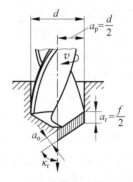

图 2-77 麻花钻的钻削用量要素

以下情况需选择较小的进给量。
① 孔的尺寸精度、表面粗糙度要求较高。
② 钻小孔、深孔。

注：小孔是指孔的直径不大于 3mm。深孔是指孔的深度为直径 5 倍以上的孔。

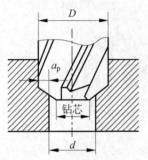

图 2-78 背吃刀量

(3) 背吃刀量：已加工表面和待加工表面之间的垂直距离（见图 2-78）。

$$a_p = \frac{d}{2}$$

背吃刀量的选择：
① 直径小于 30mm 的孔可以一次钻出；
② 直径为 30~80mm 的孔可分两次钻出，第一次用 (0.5~0.7)D 的钻头钻底孔。

(4) 钻削用量的选择：钻孔时背吃刀量由钻头直径所定，所以只需选择切削速度和进给量。在允许范围内，尽量先选择较大的进给量，当进给量受到表面粗糙度和钻头刚度的限制时，再考虑选较大的切削速度。

4) 钻床操作要点

(1) 操作钻床时禁止戴手套、围巾，袖口必须扎紧，女生必须戴安全帽。

(2) 开动机床时，应检查是否有钻夹头钥匙或斜铁插在主轴上。

(3) 工件必须夹紧，通孔即将钻透时，应减小进给力。

(4) 钻孔时不可用手、棉纱或用嘴吹来清除切屑，必须用毛刷清除。

(5) 钻头上绕长铁屑时，要停车清除，禁止用嘴吹、手拉，应使用刷子或铁钩清除。

(6) 操作者的头部不准与旋转的主轴靠得太近，停机要让主轴自然停止，不可用手刹住，也不能用反转制动。

(7) 禁止在钻床运转状态下装拆工件、检验工件和变换主轴转速。

(8) 自动走刀，要选好进给速度，调好行程限位。手动进刀一般按逐渐增压和减压的原则进行，以免用力过猛造成事故。

(9) 钻通孔时，要使钻头能通过工作台面上的让刀孔，或在工件下面垫上垫铁，以免损伤工作台表面。

(10) 应当用工具拨 V 形带进行变速，防止手指被卷入受伤。

(11) 设备运转时，不准擅自离开工作岗位，因故离开时必须停车并切断电源。

(12) 钻床使用完毕，必须切断电源并擦净设备，清扫工作场地，并对各滑面及各润滑点加注润滑油。

2. 倒角钻

图 2-79 所示为内孔倒角用的钻头，一般切削刃角度磨成 90°，倒角成 45°。

倒角钻的使用方法和钻孔类似。

图 2-79 倒角钻

3. 攻螺纹

1）概述

攻螺纹是用丝锥（也叫"丝攻"）切削各种中、小尺寸内螺纹的一种加工方法。

2）工具

（1）丝锥

丝锥是用高速钢制成的一种成型多刃刀具，如图 2-80 所示。

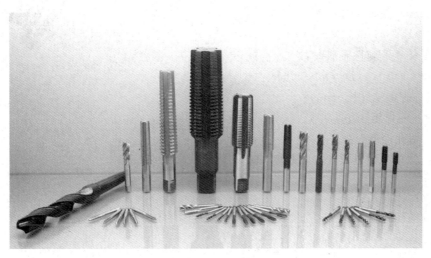

图 2-80　丝锥

丝锥的种类：手用丝锥[见图 2-81(a)]、机用丝锥[见图 2-81(b)]、管螺纹丝锥[见图 2-81(c)]、挤压丝锥[见图 2-81(d)]等。

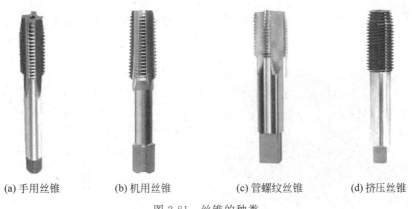

(a) 手用丝锥　　(b) 机用丝锥　　(c) 管螺纹丝锥　　(d) 挤压丝锥

图 2-81　丝锥的种类

丝锥结构简单，使用方便，既可以手工操作，也可以在机床上工作，应用非常广泛。

（2）铰杠

铰杠是扳转丝锥的工具。常用可调节式铰杠（见图 2-82）可用于夹持各种不同尺寸的丝锥。

3) 攻螺纹前底孔的直径和深度计算

（1）底孔的直径

攻螺纹前要先钻孔，攻丝过程中，丝锥齿对材料既有切削作用，还有一定的挤压作用，所以一般钻孔直径 D 略大于螺纹的内径，可查表或根据下列经验公式计算。

加工钢料及塑性金属时：
$$D = d - P$$

加工铸铁及脆性金属时：
$$D = d - 1.1P$$

图 2-82 铰杠

式中：d——螺纹外径(mm)；

P——螺距(mm)。

（2）钻孔深度

钻孔深度应大于螺纹有效长度，即
$$H = I + 0.7D$$

式中：H——钻孔深度(mm)；

I——有效螺纹长度(mm)；

D——螺纹螺纹大径(mm)。

4) 攻螺纹操作要点

（1）被加工的工件装夹要正，一般情况下，应将工件需要攻螺纹的一面置于水平或垂直的位置，这样在攻螺纹时，就能比较容易地判断和保持丝锥垂直于工件螺纹基面的方向。

（2）攻螺纹时，两手握住铰杠中部，均匀用力，使铰杠保持水平转动，并在转动过程中对丝锥施加垂直压力，使丝锥切入孔内 1~2 圈（见图 2-83）。

图 2-83 丝锥起攻

（3）用 90°角尺从正面和侧面检查丝锥与工件表面是否垂直（见图 2-84）。若不垂直，丝锥要重新切入，直至垂直。

一般在攻进 3~4 圈的螺纹后，丝锥的方向就基本确定了。

（4）攻螺纹时，两手紧握铰杠两端，正转 1~2 圈后再反转 1/4 圈（见图 2-85）。在攻螺纹过程中,要经常用毛刷对丝锥加注动、植物油作为润滑油(建议不采用机油)。

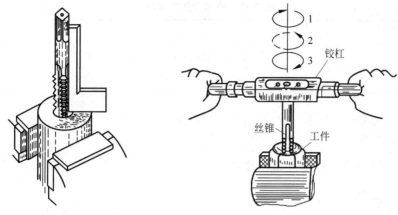

图 2-84　检查丝锥的位置　　　图 2-85　铰杠的正反转

攻削较深的螺纹时,回转的行程还要大一些,并需往复拧转几次,可折断切屑,利于排屑,减少切削刃粘屑现象,以保持锋利的刃口;攻不通孔螺纹时,攻螺纹前要在丝锥上做好螺纹深度标记,即将攻完螺纹时,进刀要轻、要慢,以防止丝锥前端与工件的螺纹底孔深度产生干涉撞击,损坏丝锥。

在攻丝过程中,还要经常退出丝锥,清除切屑。

转动铰杠时,操作者的两手用力要平衡,切忌用力过猛和左右晃动,否则容易将螺纹牙型撕裂,导致螺纹孔扩大及出现锥度。

攻螺纹时,如感到很费力时,切不可强行攻螺纹,应将丝锥倒转,使切屑排出,或用二锥攻削几圈,以减轻头锥切削部分的负荷。

如用头锥继续攻螺纹仍然很费力,并断续发出"咯、咯"或"叽、叽"的声音,则切削不正常或丝锥磨损,应立即停止攻螺纹,查找原因;否则丝锥有折断的可能。

(5) 攻好螺纹后,轻轻倒转铰杠,退出丝锥,注意退出丝锥时不能让其掉下。

4. 对话提问(钻削安全操作过程)

(1) 如何安装麻花钻或倒角钻?

(2) 如何钻削通孔?

(3) 攻螺纹如何操作?

任务六　检 测 锤 头

1. 任务目标

熟练运用相关量具检测锤头各尺寸。

2. 学时安排

2 课时。

3. 任务分析

(1) 任务描述:通过相关量具的正确使用,完成锤头各尺寸的检测。

（2）任务流程：如表 2-10 所示。

表 2-10 检测锤头任务流程

步　骤	内　　　容
1	根据图 2-86 要求，利用量具检测锤头尺寸，并将结果填入表 2-18 中
2	将加工好的锤头及表 2-18 中的检测结果拍照上传系统

（3）任务准备：游标卡尺、半径规、螺纹规、角度样板。

4. 考核要求

将检测好的锤头交给教师进行考核。

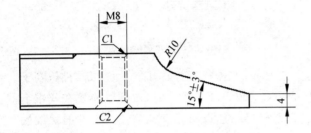
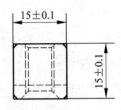
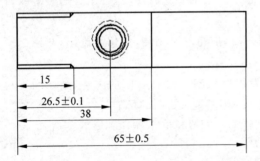
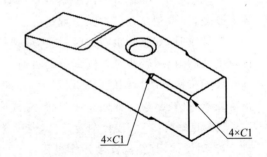

图 2-86 锤头零件图

任务七　锤柄备料、车削端面与外圆

1. 任务目标

（1）完成与教师的六个对话提问（见本任务末）。

（2）学会卧式车床的基本操作。

（3）掌握对锤柄的端面与外圆车削的要领。

2. 学时安排

12 课时。

3. 任务分析

（1）任务描述：通过学习车削相关操作，完成锤柄的端面与外圆车削。

(2) 任务流程：如表 2-11 所示。

表 2-11 车削台阶梯的任务流程

步骤	内容
1	领取毛坯料 30mm×90mm 的 45 钢棒料，检查材料尺寸是否正确，如有较大出入马上报告教师
2	学习相关知识，完成与教师的六个对话提问
3	正确安装车刀与对刀
4	调整车床转速：粗车 400r/min，精车 1000～1250r/min
5	调整车削进给量：粗车 0.2mm/r，精车 0.1mm/r
6	粗、精车右端外圆：首先用卡盘夹住毛坯料左端，伸出长度 55mm 左右，车削右端面，第一个端面只需光出即可。端面车削好后，按照图纸尺寸要求先粗车右端外圆到 $\phi15\pm0.2$mm，再精车到 $\phi14^{+0.2}_{0}$mm，最后对右端面进行 C1 倒角
7	调头夹持 $\phi14$mm 外圆（外圆包裹一圈铜皮防止工件外圆被夹坏）长度伸出 50mm 左右，太长则刚性不足，以免折断
8	量取总长，车削端面控制总长 $83^{+0.5}_{0}$mm
9	粗、精车左端外圆：车削到与右端外圆相同的尺寸 $\phi14^{+0.2}_{0}$mm
10	车削左端 M8 外圆（M8 螺纹底径车削到 $\phi7.92\pm0.04$mm），长度车削到 $15^{0}_{-0.2}$mm，最后对左端面与台阶面分别进行 C1 倒角
11	清理车床卫生
12	填写表 2-12 的车削尺寸误差分析表，将加工好的锤柄一起拍照上传系统

(3) 任务准备：卧式车床、游标卡尺、外圆车刀、垫刀片、顶尖、卡盘钥匙、刀架钥匙、内六角扳手。

4．考核要求

将加工好的锤柄交给教师进行考核。

表 2-12 车削尺寸误差分析表

序号	尺寸要求	自测尺寸	误差原因分析

相关知识

1．车床概述

CY6140 是一种在原 C620 型普通机床基础上加以改进而来的卧式车床，是机械设备制造企业所需的设备之一，C 代表车床，Y 代表结构特性代号，6 代表卧式，1 代表基本型,40代表最大回转直径400mm。

2. 构成和功用

CY6140普通卧式车床的主要部件及功用(见图2-87)。

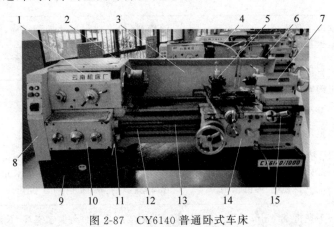

图2-87 CY6140普通卧式车床

1—主轴箱；2—卡盘；3—床身；4—切削液管嘴；5—刀架；6—照明灯；7—尾座；8—挂轮箱；
9—床腿；10—进给箱；11—操纵杆；12—光杠；13—丝杠；14—溜板箱；15—快移机构

(1) 主轴箱：主轴箱的功用是支承主轴和传动其旋转，并使其实现启动、停止、变速和换向等。因此，主轴箱中通常包含主轴及其轴承，传动机构，启动、停止以及换向装置，制动装置，操纵机构和润滑装置等。它固定在车床的左端，装在主轴箱中的主轴(主轴为中空，不仅可以用于更长棒料的加工及车床线路的铺设，还可以增加主轴的刚性)，通过卡盘等夹具装夹工件(见图2-88)。

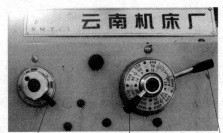

螺纹旋向变换手柄　　主轴转速变换手柄　　主轴档位变换手柄

图2-88 主轴箱

(2) 卡盘：用来装夹工件，图2-89所示为三爪自定心卡盘，三个卡爪沿圆周均匀分布，同步沿径向移动，能自动定心，装夹方便，但夹紧力较小。

(3) 床身：车床的基本支承件，车床的各主要部件都安装在床身上，有两条精度很高的V形导轨和矩形导轨，主要用于支承和连接车床各个部件，并保证各部件间具有准确的相对位置关系和相对运动关系。

(4) 切削液管嘴：切削液被冷却泵加压后，通过管嘴喷射到切削区域。

(5) 刀架：用来装夹车刀，并由溜板带动其做纵向、横向和斜向进给运动(见图2-90)。

图 2-89 三爪自定心卡盘

图 2-90 刀架

(6) 照明灯：使用安全电流，为操作者提供充足的光线，保证明亮清晰的操作环境。

(7) 尾座：安装在床身的导轨上，并沿此导轨纵向移动。在套筒孔内可安装顶尖或钻头，用以对刀、支撑工件或钻孔（见图 2-91）。

图 2-91 尾座

(8) 挂轮箱：接收主轴箱传递的转动，并传递给进给箱。更换箱内的齿轮，配合进给箱变速机构，可以车削各种导程的螺纹，并可满足对纵向和横向不同进给量的需求。

(9) 床腿：主要用于支承床身。有些车床的冷却液箱、电机座、配电盘等也设计在床腿内，充分利用其空间。

(10) 进给箱：又叫走刀箱，能使刀架获得各种不同的进给量，以实现车刀的进给运动（图 2-92）。完成加工各种不同螺距的螺纹或改变机动进给的进给量。它的运动是从主轴箱传入，然后由丝杠或光杠传出。

(11) 操纵杆：用于控制主轴的正反转与停止。向上提起操纵杆手柄，主轴正转；手柄处于中间档位，主轴停止转动；手柄下压，主轴反转。

(12) 光杠：在车削内、外圆表面或端面时用于带动大滑板的纵向移动或中滑板的横向移动。

(13) 丝杠：车削各种螺纹时使用，使溜板、刀架按要求的速度移动。

(14) 溜板箱：将进给箱传来的运动传递给刀架，使刀架实现纵、横向机动进给、车螺

公制或英制切换手柄　　自动进给速度手柄　　自动进给档位手柄

图 2-92　进给箱变速手柄

纹或快速移动。溜板箱与滑板相连,可沿床身导轨移动。滑板共分三层,大滑板可沿床身导轨纵向移动,用于车削较长的工件;中滑板用于横向车削,如车端面;小滑板用于纵向车削较短的工件,如短锥形工件。

(15) 快移机构:用于车刀自动进给移动(见图 2-93)。

大滑板手柄　　中滑板手柄　　丝杠、光杠交换手柄

图 2-93　溜板箱与快移机构

3. 车床 X 轴与 Z 轴方向的规定

(1) X 轴方向(横向):垂直于车床主轴的方向,正方向为车刀远离工件的方向,负方向为车刀靠近工件的方向。中滑板横向移动为 X 轴方向,向前移动为正方向,向后移动为负方向。

(2) Z 轴方向(纵向):车床主轴轴线的方向。正方向为车刀远离工件的方向,负方向为车刀靠近工件的方向。大滑板和小滑板沿床身导轨纵向移动为 Z 轴方向,向右移动为正方向,向左移动为负方向。

4. 切削运动

(1) 概念:切削时,刀具与工件之间的相对运动称为切削运动。

(2) 类型:

① 主运动:使刀具和工件之间产生相对运动,从而使刀具前面接近工件。

② 进给运动:使刀具和工件之间产生附加的相对运动,加上主运动,即可不断地切除工件余量。

(3) 特点:主运动的速度最高,所消耗的功率最大。相对于主运动,进给运动一般速度较低,消耗的功率较小。

(4)运动形式：在切削运动中，主运动只有一个，它可以是旋转运动，也可以是直线运动。进给运动可以有，也可以没有，可以是一个或多个运动组成，可以是连续的，也可以是间断的。

(5)车床的切削运动：主运动为工件旋转，是由电动机经带轮和齿轮等传至主轴产生的；进给运动为车刀移动，由主轴经齿轮等传至光杠或丝杠，从而带动车刀移动而产生的。进给运动又分为纵向进给(车刀沿主轴轴向移动)和横向进给(车刀沿主轴径向移动)两种。

5．切削时的工件表面

在切削过程中，工件上通常形成三个不断变化的表面，如图 2-94 所示。

(1)待加工表面：工件上有待切除的表面。

(2)已加工表面：工件上经刀具切削后形成的表面。

(3)过渡表面：工件上由切削刃正在切除的那部分表面。

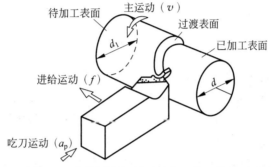

图 2-94　车外圆的切削运动和工件上的表面

6．切削用量

(1)概念：切削用量是指切削过程中切削速度、进给量和背吃刀量的总称，也称为切削用量三要素(见图 2-95)。它是衡量切削运动大小的参数，要完成切削加工，三要素缺一不可。

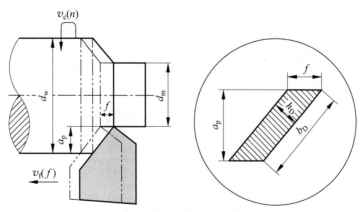

图 2-95　切削用量三要素

(2)切削速度(v_c)：刀具切削刃上选定点相对于工件主运动的瞬时速度，单位为 m/min。当车削工件时，切削速度是指工件圆周运动的最大值(即极限值)，即

$$v_c = \frac{\pi d n}{1000}$$

式中：v_c——切削速度（m/min）；

d——工件待加工表面直径（mm）；

n——工件转速（r/min）。

（3）进给量（f）：刀具在进给运动方向上相对工件的位移量，可用刀具或工件每转或每行程的位移量来表述和度量。

车削外圆时的进给量为工件每转一周，车刀沿进给方向所移动的距离，单位为 mm/r。

（4）背吃刀量（a_p）：工件上已加工表面和待加工表面之间的垂直距离，单位为 mm。车削外圆时背吃刀量的计算公式为

$$a_p = \frac{d_2 - d_1}{2}$$

式中：d_2——待加工表面的直径（mm）；

d_1——已加工表面的直径（mm）。

（5）选择切削用量的基本原则：在机床工件、刀具和工艺系统刚性允许的前提下，首先选择大的背吃刀量，其次选择大的进给量，最后选择大的切削速度。

① 背吃刀量的选择：粗加工时，除留出的精加工余量外，剩余加工余量尽可能一次切完。精加工时，背吃刀量要根据加工精度和表面粗糙度的要求来选择。

② 进给量的选择：在切削用量三要素中，进给量的大小对表面粗糙度的影响最大。粗加工时，f 可取大些；精加工时，f 可取小些。

③ 切削速度的选择：在切削用量中，对刀具寿命影响最大的是切削速度。切削速度越快，刀具越容易磨损。粗加工或精加工时，应根据刀具寿命选取合适的切削速度。

7. 工件的加工步骤

（1）车刀的装夹与对刀：

① 刀片的安装：首先将刀垫安装在刀体的缺口位置，接着将定位螺丝轻轻地旋入刀垫的螺纹孔中，然后将刀片插入定位螺丝，用 3mm 的内六角扳手顺时针方向将刀片拧紧，最后将刀体上的压紧螺丝压住刀片并用内六角扳手拧紧，如图 2-96 所示。

图 2-96 刀片的安装

② 车刀的装夹：车刀在刀架上的伸出部分应尽量短，一般为刀柄厚度的 1~1.5 倍，如图 2-97 所示，下面垫片数量尽量少（一般为 1~2 片），并与刀架边缘对齐。

图 2-97　车刀的伸出位置

③ 车刀的主偏角：安装时要保证车刀的实际主偏角基本为 90°，如图 2-98 所示。

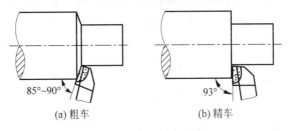

图 2-98　车刀的主偏角

④ 车刀的紧固：至少用两个锁紧螺钉逐个轮流压紧车刀，如图 2-99 所示。锁紧手柄不允许使用加力杆，以防损坏螺钉。

图 2-99　车刀的紧固

⑤ 对刀：当螺钉压紧后，通过增减车刀下面的垫片，调整刀尖与尾座套筒内的顶尖中心等高，如图 2-100 所示。车刀刀尖应与工件旋转轴线等高，否则将使车刀工作时的前角和后角发生改变。车外圆时，如果车刀刀尖高于工件旋转轴线，则会使前角增大、后角减小，这样加大了后刀面与工件之间的摩擦；如果车刀刀尖低于工件旋转轴线，则会使后角增大、前角减小，这样切削的阻力增大，切削不顺畅；若刀尖不对中，则当车削至端面中心时会留有凸台，若使用硬质合金车刀，则有可能导致刀尖崩碎。

图 2-100　对刀

(2) 工件的装夹：首先把毛坯料表面的脏物和毛刺去除，放入三爪自定心卡盘的中心孔内，伸出长度为 55mm 左右，用卡盘钥匙轻轻夹紧工件；然后手动转动卡盘，看工件是否跳动过多，如偏差太多，旋转或调整一下工件的位置；最后用加力杆从三个夹紧口分别夹紧，如图 2-101 所示。

图 2-101　工件的装夹

(3) 开机前检查：主轴箱和进给箱各手柄是否处于正确位置，操纵杆是否处于中间档位。

(4) 开机：先将车床旁边墙上电表箱内的电闸开关向上提起，接着将电源旋钮旋转至 ON 的位置，然后将红色急停按钮向右旋转打开，最后按下绿色启动按钮，如图 2-102

所示。

(5) 调节粗车的主轴转速：先将主轴档位变换手柄旋转至转盘圆周上的红点对准上方定位点，然后将主轴转速变换手柄旋转至400对准上方定位点，如图2-103所示。

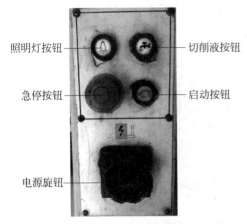

图 2-102 开关机等功能按钮

图 2-103 粗车的主轴转速

(6) 车右端面：如图2-104所示，首先按下床鞍上的绿色启动按钮，操纵杆向上提起，使卡盘带动毛坯料旋转，左手摇动大滑板手柄，右手摇动中滑板手柄，使车刀刀尖靠近并轻轻接触工件右端面，以此作为切削深度的零点位置。接着将大滑板手柄向左转过刻度盘1格(1mm)，摇动中滑板手柄带动车刀向前移动车至毛坯料端面中心。然后向右摇动大滑板手轮，中滑板手柄保持不动，使车刀向右离开工件3～5mm，完成退刀。操纵杆向下压至空档。最后按下红色急停按钮，工件停止旋转，如图2-105所示。

图 2-104 启动与停止按钮

图 2-105 车端面

(7) 粗车右端外圆：如图2-106所示，再次启动车床使工件旋转，左手摇动大滑板手柄，右手摇动中滑板手柄，使车刀刀尖轻轻接触到工件外圆记下此时中滑板刻度盘的数值，接着摇动中滑板手柄使刻度盘数值增加10小格(直径1mm)，然后摇动大滑板手柄带动车刀慢慢地匀速向左车削外圆到距离卡盘3～5mm处(防止车刀撞到卡盘的安全距离)，最后向右摇动大滑板手轮，中滑板手柄保持不动，使车刀向右离开工件3～5mm，完成退刀。待车床停稳后才能使用游标卡尺测量工件尺寸。按照此方法,将工件的余量分多次走刀,直至将外圆车削到所需尺寸,最后按下红色停止按钮,工件停止旋转。

(8) 精车右端外圆:首先将主轴转速变换手柄旋转至1000对准上方定位点,接着按照粗车外圆的方法,将工件的余量分两次走刀,车削到图纸尺寸 $\phi 14^{+0.2}_{\ 0}$ mm。检查外径、长度和同轴度,达到要求后取下工件。

图 2-106　车外圆

(9) 右端面倒角:如图2-107所示,首先将主轴转速变换手柄旋转至400对准上方定位点;接着将刀架带动车刀逆时针回转45°并锁紧,使刀尖轻轻接触到工件外圆与右端面交界处;然后按下绿色启动按钮,将大滑板手柄向左转过刻度盘1格(1mm),车削出C1倒角;最后按下红色急停按钮,工件停止旋转。

图 2-107　车倒角

(10) 掉头装夹:首先用铜皮包住已加工好的右端外圆表面,保证左端毛坯料面全部伸出,并留5~10mm安全距离,然后用卡盘夹紧。

(11) 车左端面,控制总长:先将毛坯料左端面车光,接着用游标卡尺量出总长,每次用大滑板手柄控制向左1mm左右的进给量,将总长余量分若干次车削到 $83^{+0.5}_{\ 0}$ mm。

(12) 粗、精车左端外圆：首先按照前面粗、精车右端外圆的方法，将左端毛坯料表面车削到与右端外圆相同的尺寸 $\phi 14^{+0.2}_{-0.0}$ mm；然后将外圆进一步粗车到 $\phi 9^{+0.1}_{-0.1}$ mm，通过操纵大滑板(刻度盘 1 格为 1mm)和小滑板(刻度盘 1 格为 0.05mm)手柄控制进给量，将这段外圆台阶面长度车至 $15^{0}_{-0.2}$ mm；最后精车直径至 $\phi 7.92\pm 0.04$ mm。

(13) 左端面与台阶面倒角：按照前面右端面倒角的方法，将左端面与台阶面分别进行 C1 倒角。

(14) 去除毛刺：用小锉刀将加工好的工件表面毛刺去掉。

(15) 关机：首先按下红色急停旋钮，接着将电源旋钮旋转至 OFF 的位置，最后将墙上电表箱内的电闸开关全部按下。

8. 车削安全生产规程

(1) 学生应在指定车床上进行操作，不得随意开动其他车床；如果两人同开一台车床，只能其中一人操作，另外一人在安全区域做准备。

(2) 操作车床前，应检查开关、手柄是否在规定位置，润滑油路是否畅通，防护装置是否完好。

(3) 车削时应先开车、后进刀，切削完毕时应先退刀、后停车，否则车刀容易损坏。操作中，发现机床有异常现象时应立即停车，并及时向指导教师汇报。

(4) 变换转速、测量、换刀和装夹工件时必须停车。

(5) 卡盘钥匙和加力杆在松开或夹紧工件后应立即取下，以免开机时飞出伤人。

(6) 车床运转时，严禁用手触摸车床的旋转部位，严禁隔着车床传递物件。

(7) 车削时的切削速度、背吃刀量和进给量都应选择适当，不得任意加大。

(8) 工件未停稳时不能测量工件。测量时，将变速手柄转到空挡位置或将急停按钮按下以防误操作而转动主轴。

(9) 切削时，手、头部和身体其他部位都不要与工件及刀具靠得太近；站立位置应偏离切屑飞出方向；切屑应用钩子清除，不得用手拉。

(10) 转动刀架时要将床鞍或中滑板移到安全位置，防止刀具和卡盘、工件、尾座相碰。

(11) 正确使用和爱护量具，经常保持量具洁净，用后及时擦净并放入盒内。禁止将工具、刀具和工件放在车床的导轨上。按工具用途使用工具，不得随意替用，如不能用扳手代替锤子使用等。

(12) 毛坯料、半成品和成品应分开堆放，并按次序整齐排列于适当位置，以免从高处落下伤人。

(13) 刀刃磨损后应及时更换。首先用内六角螺母逆时针方向将压紧螺丝拧开，接着将刀片拧开，将磨损的刃口旋转 120°，将新的刃口插入定位螺丝，用内六角螺母顺时针方向将刀片拧紧，最后将压紧螺丝压住刀片并用内六角螺母拧紧。如果刀片的三个刃口均已磨损，就将整个刀片拆下，换上新刀片。

(14) 注意保持操作区域清洁卫生，交接班时要交接设备安全状况并记录在设备使用手册上。

9. 车削加工中常见尺寸误差原因及解决方法

(1) 测量误差：试切过程中必须进行测量，任何一种精确的测量方法和精密量具都有可能存在误差，引起测量误差的原因如下。

① 量具本身的误差：包括量具的设计、制造误差，比如游标卡尺的刻线距离不准等。设计和制造误差总和将反映到测量的示值上，引起测量误差。为了避免这类误差对测量的影响，在选用量具时要注意两点：一是所选用量具的不确定度数值应小于或等于尺寸精度对量具所要求的不确定度的允许值；二是在使用前要对量具进行校准。

② 测量操作及读数误差：一是测量方法选择不当，接触测量中由于测量力的影响使被测零件或量具产生变形；二是使用量具不正确、测量瞄准不准确、读数错误。

③ 环境影响：当环境条件不符合标准的测量条件时，会产生测量误差，如环境温度、湿度、气压、照明引起视差等，特别是温度的影响最为突出。更重要的是不能在零件温度较高时测量零机件，热胀冷缩对尺寸的影响较大。

(2) 机床进刀机构的微位移误差：在调整车刀环节中，机床进刀机构的微位移误差产生的原因主要有以下两个。

① 各传动环节的间隙：往往会使车刀与工件的相对位置产生微量的位移，从而引起工件加工的尺寸误差。尤其是丝杠与螺母的间隙，常常会引起"让刀"或"扎刀"，使工件产生尺寸误差。所以在日常加工中必须周期性地调整或消除丝杠与螺母的间隙。另外，滑板与导轨间的配合间隙大也会引起工件的尺寸误差。当车床工作时，由于工件对车刀的反作用力，常常使滑板与导轨间的配合间隙集中偏向一边，从而破坏了起初车刀与工件位置，造成"让刀"或"扎刀"，间隙越大，背吃刀量越大，"让刀"或"扎刀"的痕迹就越明显。在日常维护保养中，要注意对其周期性地调整。

② 进刀机构出现的爬行：也会产生微量位移误差，影响工件的尺寸精度。工件经试切、测量后，就需要根据测量结果调整刀架对工件的相对距离，再试切、再测量。当试切到最后一刀时，往往要按手轮上的刻度示值来微量调整车刀的背吃刀量，这时常常出现进刀机构的爬行现象，往往使车刀的实际位移与手轮上转动的刻度示值不一致，从而造成加工尺寸误差。由于爬行现象只在极低的进给速度下才产生，因此，可以在微量调整背吃刀量前，先退出车刀，然后再快速引进车刀到手轮规定的刻度值。这样可以使进刀机构滑动面间不产生瞬时的静摩擦，以避免出现爬行现象。也可以在微量进给时，适当轻击手轮，用振动消除静摩擦。

(3) 车削积屑瘤：切削过程中，用中等或低的切削速度加工钢、铝或其他塑性金属时，会发现一小块金属牢固地粘附在所用车刀的前刀面上，这一小块金属就是积屑瘤。它在切削过程中是不稳定的，开始生长到达一定高度以后发生脆裂，被工件和切屑带走而消失，以后又开始生长，从小到大，又破碎消失，周而复始地循环。由于它时现时失、时大时小，使工件表面呈高低不平，表面粗糙度值增大，产生尺寸误差。为了保证加工精度和工件表面质量，在精加工时，必须采取以下措施控制积屑瘤的产生。

① 降低或提高切削速度：可以使切削温度低于或高于积屑瘤产生的相对温度区域，

控制积屑瘤的产生。

②采用润滑性能好的切削液：在切削易产生积屑瘤的工件材料时，采用润滑性能好的极压切削油或植物油，可大大减小它们之间的摩擦，在车刀上也不易产生积屑瘤。

③增大车刀前角：可以减小切屑与前刀面接触区的压力，使切削力减小，切削温度降低，积屑瘤生成的可能性就会减小。

④适当提高工件材料的硬度：可采用热处理工艺，对钢制材料正火、调质等方法，提高材料的硬度。

⑤降低前刀面的表面粗糙度：可以减小切屑与前刀面的摩擦，使积屑瘤不易生成。

(4) 薄层切削：在切削加工中，如果切削厚度小于刀刃的刃口圆角半径，就会形成薄层切削。这时刀刃不能切入工件，只是在加工表面起挤压作用。在精加工时，往往会出现这样的情况，当切削最后一刀时，切屑总是很薄的，刀刃并未切入工件，这时如果误认为切深还不够大，再作微量进刀，结果往往会使工件尺寸报废。所以，精加工时，由于余量小，必须使车刀的刃口锋利，同时切削厚度也不能过小，避免产生薄层切削。

10．车床机械伤害分析

(1) 常见原因：由于车床是靠较高的转速来工作，造成伤害的起因物或致害物大多是由卡盘、工具或工件引起，伤害方式有规律性，所以机械伤害事故有其本身的特点，防范措施只要有针对性，是容易奏效的。

(2) 主要表现：因操作不当造成旋转卡盘与移动车刀发生碰撞，导致刀具损坏，车刀碎块飞出；工件装夹完后，未将卡盘扳手从卡盘上及时取出而启动车床，致使扳手飞出；使用自动进给时，在行程终端未及时停车(特别是车削螺纹时)，车刀或刀架与卡盘干涉，引起剧烈碰撞、碎块飞出等。

(3) 防范措施：一是加强安全管理，提高安全意识，安全规范操作；二是增设安全装置，消除安全隐患。

11．对话提问

(1) 车床上如何装刀、对刀？刀对不齐会有什么问题？

(2) 车床如何调整转速？粗车一般调多少？精车一般调多少？

(3) 车床如何开关机？说一下它的操作顺序。

(4) 工件安装时要注意什么？

(5) 车床如何平端面？说一下它的操作顺序。

(6) 如何车外圆？说一下它的操作顺序。

任务八　套　螺　纹

1．任务目标

(1) 掌握套螺纹的相关理论与加工方法。

(2) 学会对锤柄套螺纹的操作。

2．学时安排

2课时。

3. 任务分析

（1）任务描述：通过套螺纹的相关操作，完成对锤柄外螺纹的加工。

（2）任务流程：如表 2-13 所示。

表 2-13 套螺纹任务流程

步　骤	内　　容
1	根据图纸要求，在螺纹处用 M8 的圆板牙套出 M8 的外螺纹
2	清理台虎钳工位的卫生
3	将加工好的锤柄外螺纹拍照上传系统

（3）任务准备：M5 圆板牙、板牙牙架、台虎钳、机油、刀口角尺。

4．考核要求

将加工好的锤柄外螺纹交给教师进行考核。

相关知识

套螺纹的相关知识内容如下。

（1）概念：用板牙在工件外圆柱面上加工出外螺纹。

（2）工具：圆板牙（见图 2-108）、板牙架（见图 2-109）。

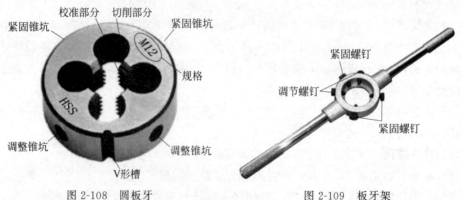

图 2-108　圆板牙　　　　　　图 2-109　板牙架

（3）工件直径：套螺纹之前的直径应小于螺纹大径（见公式）。因为套螺纹时金属材料受板牙的挤压产生变形，牙顶将被挤得高一点。

$$d_{杆} = d - 0.13P$$

（4）操作要点：

① 将工件右端用毛巾裹住并垂直装夹在台虎钳上，圆板牙装入板牙架的孔中，用紧固螺钉拧紧圆板牙。

② 开始套螺纹时要尽量使板牙端面与工件垂直，并适当施加向下的压力，同时按顺时针方向扳动板牙架，如图 2-110 所示。

③ 当切入 1～2 圈后再次校验垂直度，然后不再施加向下的压力，仅两手用力均匀转动板牙架即可。

④ 在套螺纹过程中，要经常反转 1/4 圈进行断屑，并适当加注冷却液。

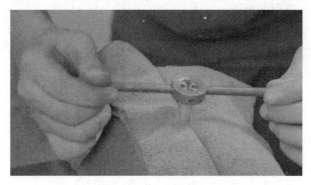

图 2-110 套螺纹

任务九 检 测 锤 柄

1. 任务目标

熟练运用相关量具检测锤柄各尺寸。

2. 学时安排

2 课时。

3. 任务分析

(1) 任务描述：通过正确使用相关量具，完成锤柄各尺寸的检测。

(2) 任务流程：如表 2-14 所示。

表 2-14 检测锤柄任务流程

步 骤	内　　容
1	根据图 2-111 尺寸要求，利用量具检测锤柄尺寸，并将结果填入表 2-18 中
2	将加工好的锤柄及表 2-18 中的检测结果拍照上传系统

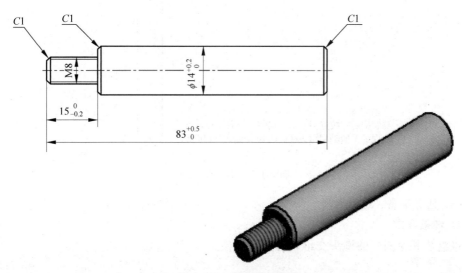

图 2-111 锤柄零件图

(3) 任务准备：游标卡尺。

4. 考核要求

将检测好的锤柄交给教师进行考核。

任务十　组装锤头与锤柄

锤头组装

1. 任务目标

完成榔头的装配并保证装配尺寸要求。

2. 学时安排

2 课时。

3. 任务分析

(1) 任务描述：通过锤头与锤柄相互拧紧，检测装配尺寸，如有出入，可通过调整达到装配要求。

(2) 任务流程：如表 2-15 所示。

表 2-15　组装锤头和锤柄的任务流程

步骤	内容
1	将锤头与锤柄螺纹处相互拧紧
2	根据图 2-112 尺寸要求，检测装配尺寸要求，并将结果填入表 2-18 中
3	将装配好的锤头及表 2-18 中的检测结果拍照上传系统

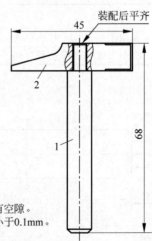

技术要求：
1. 装配后螺纹连接处贴合自然，没有空隙。
2. 保证手柄轴和锤头底面的垂直度小于0.1mm。

图 2-112　榔头装配图

(3) 任务准备：游标卡尺。

4. 考核要求

将组装并检测好的榔头交给教师进行考核。

作业测试

1. 填空题

（1）对尺寸 $80^{+0.2}_{\ 0}$ mm 来说，它的最大极限尺寸是 _____ mm，最小极限尺寸是 _____ mm。

（2）45 钢是一种优质的 _____ 钢，属于中碳钢，含碳量在 _____ 左右，硬度不高，容易切削加工，通常是通过热轧或者冷轧成型。

（3）生产过程中，按一定顺序逐渐改变生产对象的形状、尺寸、位置和性质，使其成为预期产品的过程称为 _____ 。

（4）钳工常用的锯条尺寸规格为 _____ mm，其宽度为 _____ mm、厚度为 0.6～0.8mm。

（5）车削加工是在车床上利用 _____ 的旋转运动和 _____ 的移动来改变毛坯料的形状和 _____ ，将其加工成所需零件的一种切削加工方法。

（6）下图所示构件叫 _____ 。

（7）下图所示构件叫 _____ 。

（8）下图所示构件叫＿＿＿＿＿＿。

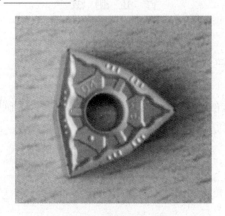

（9）下图所示构件叫＿＿＿＿＿＿，锁紧过程中＿＿＿＿（用/不用）加力杆。

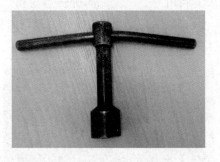

（10）以精度为 0.02mm 的游标卡尺为例，主尺每小格代表＿＿＿＿mm，游标尺上将＿＿＿＿mm 等分为 50 个小格，每格距离实际为＿＿＿＿mm；卡尺对 0 时，游标尺的 0 刻度对齐主尺的 0 刻度；当游标尺移动了 0.02mm 时，因为游标尺分划比主尺短了 0.02mm，所以游标尺上第一格正好与主尺上 1mm 刻度对齐时，这就给观察者一个明确的表示，目前测得的数据是＿＿＿＿mm。

（11）下图所示构件叫＿＿＿＿＿＿＿＿。

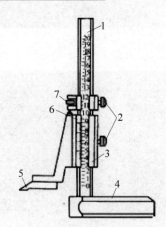

1—主尺；2—紧固螺钉；3—尺框；4—基座；5—量爪；6—游标；7—微动装置

2. 选择题

(1) 车削加工可以完成( )的加工。
　　A. 车外圆、车端面　　　　　B. 铣削键槽、镗孔
　　C. 车外螺纹、铣平面　　　　D. 车键槽、车外圆

(2) 主轴箱的作用是支撑主轴,并通过卡盘带动( )旋转。
　　A. 工件　　　　　　　　　　B. 刀具
　　C. 主轴　　　　　　　　　　D. 手柄

(3) CA6140 是( )。
　　A. 数控车床　　　　　　　　B. 铣床
　　C. 普通车床　　　　　　　　D. 钻床

(4) 机床尾座安装顶尖用来( )。
　　A. 装夹工件　　　　　　　　B. 支顶直径较大的工件
　　C. 支顶细长轴工件或者对刀　D. 加工内孔

(5) 下图所示构件叫( )。

　　A. 外圆车刀　　B. 切断刀　　C. 切槽刀　　D. 车刀刀柄

(6) 下图所示功能部件叫( )。

　　A. 手柄　　　　B. 手轮　　　C. 刻度盘　　D. 转速盘

（7）当手柄转到下图所示位置时，表示主轴每分钟转（　　）圈。

A. 320　　　　B. 55　　　　C. 9　　　　D. 空转

（8）下图所示功能构件叫（　　）。

A. 操纵杆　　　B. 提拉杆　　　C. 换向杆　　　D. 变速杆

（9）下图所示杆件（　　），主轴正转。

A. 向上拉　　　B. 向下拉　　　C. 中间位置　　　D. 无论哪个位置

(10) 下图所示构件叫（　　）。

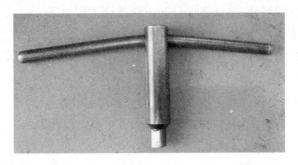

　　A. 刀架钥匙　　　B. 卡盘钥匙　　　C. 刀架手柄　　　D. 卡盘手柄

(11) 下图所示的尺寸读数是（　　）mm。

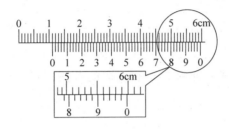

　　A. 11.00　　　　B. 10.92　　　　C. 10.94　　　　D. 50.92

(12) 下图所示的尺寸读数是（　　）mm。

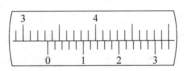

　　A. 30.31　　　　B. 30.32　　　　C. 33.16　　　　D. 33.32

(13) 下图所示构件名称叫（　　）。

　　A. 扳手　　　　B. 钻床钥匙　　　C. 卡片钥匙　　　D. 刀架钥匙

(14) 铣削工件时应注意铣刀的旋转方向，保证（　　）切入工件。

　　A. 前刀面　　　B. 后刀面　　　C. 副后刀面

3. 判断题

（1）学生进入实训场地，实训服必须拉上拉链或系紧扣子。（　　）

（2）学生进入实训场地，必须在脖子上悬挂校牌，显示身份，方便教师核对。（　　）

（3）根据工件产量、设备条件和工人技术情况不同，不同的人制定的工艺路线也往往不一样。（　　）

（4）划针划线时，为保证线条清晰，应用力来回多划几次。（　　）

（5）用面铣刀进行对称铣削时，只适用于加工短而宽或较厚的工件，不宜铣削狭长或较薄的工件。（　　）

五、项目评测

1. 阶段性评测

为评定学生对所学知识的理解程度与运用能力，检验学生对于技能的掌握程度，将项目的知识点学习和操作技能的训练分解成多个任务，每个任务都设有教师考核。在项目过程中须完成对相应知识和技能的考核，为达到项目总体学习目标做好保障。

2. 终结性评测

本项目的所有任务完成后，进入终结性评测。终结性评测分为线上考核、线下考核和锤头加工工件评分，各项考核的组成内容以及考核成绩表如下：

考核成绩＝线上考核成绩＋线下考核成绩

线上考核成绩＝线上作业成绩＋线上理论考试成绩

线下考核成绩＝安全操作规范＋精益管理＋对话提问
　　　　　　　＋加工过程中要求拍照上传的内容

线上考核成绩如表2-16所示。

表2-16　线上考核成绩A

序号	项目	配分	分数
1	线上作业成绩（成绩×40％）	40	
2	线上理论考试成绩（成绩×60％）	60	
总评A			

线下考核成绩如表2-17所示。

表2-17　线下考核成绩B

序号	项目	内容	配分	得分
1	安全操作规范	在实训场地穿着始终符合实训着装要求	5	
		不在实训场地嬉戏打闹	5	
		其他违反实训纪律的情况	5	

续表

序号	项目	内容	配分	得分
2	精益管理	工量具和随身物品使用及摆放符合场地要求	5	
		学习期间卫生工具是否按要求使用及摆放	5	
		在工作站内学习期间是否用电子产品或做与学习无关的事情	5	
3	对话提问	车削安全操作过程	5	
		铣削安全操作过程	5	
		钻削安全操作过程	5	
4	加工过程中要求拍照上传的内容	画零件图,填写锤头评分表	5	
		制作锤柄的工艺流程表	5	
		制作锤头的工艺流程表	5	
		隔5mm有深20mm的锯缝,要5条	5	
		车削 $\phi 20mm \times 85mm$ 的轴	5	
		车削尺寸误差分析表	5	
		铣削 $25mm \times 25mm \times 68mm$ 的方块	5	
		铣削尺寸误差分析表	5	
		锤柄工件	7.5	
		锤头工件	7.5	
总评 B				

锤头工件考核成绩如表 2-18 所示。期末成绩如表 2-19 所示。

表 2-18 锤头工件考核成绩 C

序号	零件	尺寸要求/mm	最大极限尺寸	最小极限尺寸	配分	自测	师测	得分
1	锤柄	$\phi 14^{+0.2}_{0}$			8			
		$83^{+0.5}_{0}$			5			
		$15^{0}_{-0.2}$			8			
		M8			8			
		C1			5			
2	锤头	65 ± 0.5			8			
		15 ± 0.1			8			
		15 ± 0.1			8			
		4处15mm长的C1			4			
		39 ± 1			5			
		M8			8			
		$R10 \pm 1$			5			
		$15° \pm 3°$			5			
3	装配尺寸	83^{+1}_{0}			10			
		锤头和锤柄的接触处没有空隙			5			
总评 C								

表 2-19 期末成绩

序 号	项 目	配分	分 数
1	线上考核成绩(总评 A×15%)	15	
2	线下考试成绩(总评 B×35%)	35	
3	锤头工件及其评分表(总评 C×50%)	50	
	总 评		

项目三

手机支架制作

一、项目目标

1. 总目标

能熟练运用车削、铣削、钳工和钣金等知识和技能制作出手机支架的各个零件,运用游标卡尺等量具完成检测,然后将各个零件装配成手机支架,同时将安全操作规范和精益管理要求贯穿整个任务的实施过程。

2. 分目标

(1) 学习制作手机支架的基本工艺知识。

(2) 了解金属切削技能与工具的使用方法,体验工具与设备在制作过程中的作用。

(3) 学会车削、铣削、钳工和钣金加工的操作技能及知识点,提高测量技术素养。

(4) 学会游标卡尺等常用测量工具的使用方法并能正确测量工件尺寸。

(5) 通过对手机支架的加工,树立合理选用工具的意识,培养学生的创造精神与动手能力。

二、建议学时

54 学时。

三、学习过程

1. 项目描述

本次任务是制作一个手机支架。学生结合实物图及工程图(见图 3-1)的要求,对加工图纸和评分标准进行分析,确定毛坯料的材料和尺寸,然后通过车削、铣削、钳工等步骤对材料进行加工,完成对手机支架的制作,并在操作过程中训练精益管理的习惯。本任务加强理论与实践融合共进,通过线上考核完成对手机支架理论知识的掌握,并以线下考核的形式对操作技能和作品效果进行评价。

2. 项目图样

手机支架相关图样如图 3-1~图 3-5 所示。

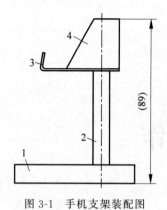

图 3-1 手机支架装配图
1—底座；2—支柱；3—支撑板；4—支顶

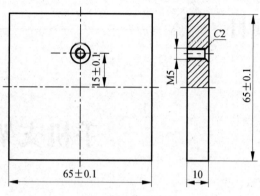

图 3-2 底座零件图

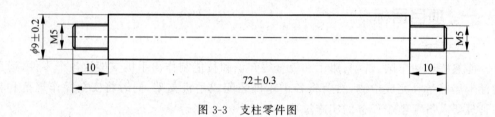

图 3-3 支柱零件图

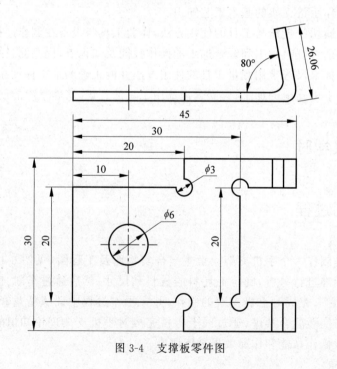

图 3-4 支撑板零件图

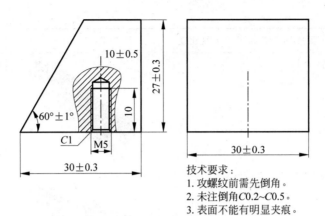

技术要求：
1. 攻螺纹前需先倒角。
2. 未注倒角C0.2～C0.5。
3. 表面不能有明显夹痕。

图 3-5　支顶零件图

3. 工量具准备

加工过程中，需要用到表 3-1 中的工量具。加工前请仔细检查工量具是否准备齐全。

表 3-1　工量具准备清单

序号	工具名称	工具型号/规格	工具用途	图　片	工具情况	数量
1	图纸	A4	加工依据			3
2	游标卡尺	0～150mm	测量		工位上	
3	钢直尺	0～150mm	测量或划线		工位上	
4	划针	ϕ6mm× 145mm	划线		工位上	
5	划线高度尺	0～300mm	测高或划线		工位上	

续表

序号	工具名称	工具型号/规格	工具用途	图片	工具情况	数量
6	外圆车刀	95°	车削		工位上	
7	刀架钥匙		锁紧车刀		工位上	
8	卡盘钥匙		锁紧工件		工位上	
9	垫刀片		调整刀具高度		工位上	
10	加力杆		夹紧		工位上	
11	顶尖		对刀		工位上	
12	面铣刀	ϕ50mm	铣削		工位上	
13	刀杆		连接面铣刀		工位上	

续表

序号	工具名称	工具型号/规格	工具用途	图 片	工具情况	数量
14	梅花扳手	24~32mm	锁紧刀具		工位上	
15	平口钳扳手		锁紧工件		工位上	
16	活动扳手	24mm	锁紧螺母		工位上	
17	等高垫块		铣床使用		工位上	
18	钻床钥匙		锁紧麻花钻		工位上	
19	垫块		钻床使用		工位上	
20	铰杠		攻内螺纹		工位上	
21	板牙牙架		套外螺纹		工位上	

续表

序号	工具名称	工具型号/规格	工具用途	图片	工具情况	数量
22	锯弓	300mm	锯削		自备	1
23	半圆锉	8英寸	锉削		自备	1
24	内六角扳手		装刀片		自备	1
25	麻花钻	ϕ3mm,ϕ4.2mm	钻孔		自备	各1
26	倒角钻	16mm	倒角		自备	1
27	丝锥	M5	攻内螺纹		自备	1
28	圆板牙	M5	套外螺纹		自备	1
29	护目镜		防护眼镜		自备	没有戴眼镜的人员须备有护目镜
30	毛刷		清除铁屑		自备	1

四、项目实施

任务一　图纸分析及工艺流程编写

1. 任务目标

(1) 学会分析图纸,了解手机支架的结构和尺寸要求。
(2) 学会抄画手机支架的零件图及评分表。
(3) 熟悉手机支架的加工工艺过程并填写工艺流程表。

2. 学时安排

6 课时。

3. 任务分析

(1) 任务描述:分析手机支架图纸、抄画零件图及评分表、填写工艺流程表。
(2) 任务流程:如表 3-2 所示。

表 3-2　图纸分析任务流程

步　骤	内　容
1	识读图 3-1～图 3-5,了解手机支架的结构和尺寸要求
2	在实训手册上抄画手机支架的 4 个零件图、1 个装配图及对应的评分表
3	填写表 3-3～表 3-6,拍照上传系统

(3) 任务准备:画图工具一套、圆珠笔。

4. 考核要求

(1) 在实训手册上完成抄画和评分表,交给教师进行考核。
(2) 完成表 3-3～表 3-6 的填写,拍照上传系统。

表 3-3　制作底座的工艺流程

序号	名　称	内　容
1		
2		

表 3-4　制作支柱的工艺流程

序号	名　称	内　容
1		
2		

表 3-5　制作支撑板的工艺流程

序号	名　称	内　容
1		
2		

表 3-6　制作支顶的工艺流程

序号	名　称	内　容
1		
2		

任务二 底座制作

1. 任务目标

(1) 完成与教师的对话提问。
(2) 熟练掌握铣床的基本操作。
(3) 熟练掌握游标卡尺、游标深度尺等工量具的使用方法。
(4) 能正确铣削长方体六个平面。
(5) 熟练掌握高度游标卡尺等工量具的使用方法。
(6) 熟练掌握台式钻床的操作。
(7) 掌握对底座的钻孔、倒圆角、攻螺纹操作。

2. 学时安排

10 课时。

3. 任务分析

(1) 任务描述:通过铣削、划线、钻孔、倒角、攻螺纹等操作,完成底座零件的加工。
(2) 任务流程:如表 3-7 所示。

表 3-7 底座制作任务流程

步骤	内容
1	分析底座图纸,明确加工任务
2	领取毛坯料和铣削用的工量具,并检查毛坯料是否符合要求,工量具是否齐全
3	在铣床上按照图 2-43 的过程依次铣削长方体六面,铣削 65mm×65mm×10mm 的长方块,如图 3-6 所示
4	去毛刺后测量尺寸
5	清理铣床工位
6	分析铣削结果,在实训手册上填写铣削尺寸误差分析表(见表 3-8)
7	领取划线、钻孔、倒圆角、攻螺纹的工量具,检查工量具是否完好、齐全
8	在划线平板上完成划线操作,如图 3-7 所示,检查划线尺寸是否合格
9	在钻床上完成图 3-8 所示的钻孔和倒圆角,并检查是否合格
10	清理钻床工位
11	将工件夹持在台虎钳上,用 M5 丝锥攻 M5 的螺纹
12	清理台虎钳工位
13	检查螺纹是否合格,若不合格要分析原因,并将情况反馈给教师
14	将底座工件及铣削尺寸误差分析表拍照上传系统

(3) 任务准备:

① 铣削加工:铣床、毛刷、平口钳扳手、等高垫块、橡胶锤、游标卡尺、游标深度尺、铣刀、刀杆、内六角扳手。

② 划线:高度游标卡尺、游标卡尺、划线平板、靠铁、划针。

③ 钻孔倒角:钻床、平口钳、平口钳扳手、M4.2 麻花钻、ϕ8mm 倒角钻、毛刷、游标卡尺。

④ 攻螺纹:M5 丝锥、铰杠、台虎钳、机油、刀口角尺。

4. 考核要求

将 65mm×65mm×10mm 的长方块及铣削尺寸误差分析表(见表 3-8)交给教师进行考核。

手机支架
底板铣削

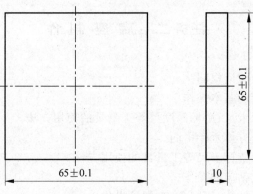

图 3-6 长方体铣削要求

表 3-8 铣削尺寸误差分析表

序号	尺寸要求	自测尺寸	误差原因分析

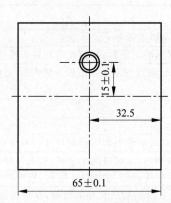

图 3-7 底座孔的划线位置

手机支架
底板螺纹

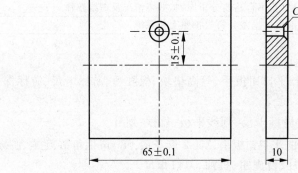

图 3-8 底座打孔图

5. 注意事项

(1) 实训过程中穿工作服,袖口不要敞开,戴防护眼镜,穿劳保鞋,长发者要戴防护帽,操作过程中不能戴手套。

(2) 铣削过程中,工件要夹紧牢靠。

(3) 铣削完成后需及时用锉刀修整工件上的毛刺和锐边,但不要锉伤工件上已加工表面。

(4) 测量工件前,注意将毛刺去除干净,否则会影响测量结果。

(5) 工件钻孔时,首先要找正夹紧,钻孔位置要正确,孔径应无明显扩大,按操作规程切削钻孔。

(6) 攻螺纹前需要加润滑油。

任务三　支柱制作

1. 任务目标

(1) 完成与教师的对话提问。

(2) 熟练掌握车床的基本操作。

(3) 正确车削台阶轴工件。

(4) 熟练掌握游标卡尺等工量具的使用方法。

(5) 熟练掌握套螺纹的操作。

2. 学时安排

6课时。

3. 任务分析

(1) 任务描述:通过车削、套螺纹等操作,完成支柱零件的加工。

(2) 任务流程:如表 3-9 所示。

表 3-9　支柱制作任务流程

步　骤	内　　容
1	分析支柱零件图纸,明确加工任务
2	领取毛坯料和车削用的工量具,并检查毛坯料是否符合要求,工量具是否齐全
3	在车床上车削出图 3-9 所示的光轴
4	去毛刺后测量尺寸
5	清理铣床工位
6	分析车削结果,在实训手册上填写车削尺寸误差分析表(见表 3-10)
7	领取套螺纹的工量具,检查工量具是否完好、齐全
8	将工件夹持在台虎钳上,用 M5 圆板牙套 M5 的螺纹
9	清理台虎钳工位
10	检查螺纹是否合格,若不合格需要分析原因,并将情况反馈给教师
11	将支柱零件及车削尺寸误差分析表拍照上传系统

(3) 任务准备：

① 车削加工：车床、毛刷、卡盘钥匙、刀架钥匙、游标卡尺、车刀、垫片。

② 套螺纹：M5 圆板牙、板牙牙架、台虎钳、机油、刀口角尺。

4. 考核要求

将图 3-9 所示工件及车削尺寸误差分析表（见表 3-10）交给教师进行考核。

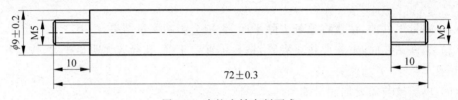

图 3-9 支柱光轴车削要求

表 3-10 车削尺寸误差分析表

序号	尺寸要求	自测尺寸	误差原因分析

5. 说明

(1) 车床转速：粗车为 400r/min，精车为 1000～1250r/min。

(2) 切削速度：粗车为 0.2mm/r，精车为 0.1mm/r。

(3) 车削端面，第一个端面只需光出即可（由侧边的端面控制尺寸）。端面车削完成后加工外圆，按照图纸尺寸要求外圆加工到 $\phi 9 \pm 0.2$mm，长度车削到 62mm，倒角 C0.2，车削 M5 外圆（M5 螺纹底径车削到 $\phi 4.94$mm 左右），长度车削到 (10±0.1)mm，倒角 C1。$\phi 9$mm 外圆整根车削，从而保证 $\phi 9$mm 外圆台阶是光轴。

(4) 调头：夹持 $\phi 9$mm 外圆（外圆包裹一圈铜皮防止工件外圆被夹坏），长度伸出 20mm 左右，太长则刚性不足，容易折断。

(5) 量取总长，车削端面控制总长 (72±0.3)mm。

(6) 车削 M5 外圆（M5 螺纹底径车削到 $\phi 4.94$mm 左右）长度车削到 (10±0.1)mm，倒角 C1。

(7) 用圆板牙在轴两端套出 M5 螺纹。

6. 注意事项

(1) 实训过程中穿工作服、袖口不要敞开，戴防护眼镜，穿劳保鞋，长发者要戴防护帽，操作过程中不能戴手套。

(2) 车削过程中,工件要夹紧牢靠。
(3) 测量工件前,注意将毛刺去除干净,否则会影响测量结果。
(4) 工件套螺纹时,首先要找正夹紧。

任务四　支撑板制作

1．任务目标

(1) 认识钣金件加工的剪板和折弯工序。
(2) 学习裁板机和折弯机的基本操作。
(3) 正确裁剪和折弯支撑板工件。
(4) 熟练掌握游标卡尺等工量具的使用方法。

2．学时安排

10 课时。

3．任务分析

(1) 任务描述：通过剪板和折弯等操作,完成支撑板零件的加工。
(2) 任务流程：如表 3-11 所示。

表 3-11　支撑板制作任务流程

步　骤	内　　容
1	分析支撑板零件图纸,明确加工任务
2	领取毛坯料和加工支撑板的工量具,并检查毛坯料是否符合要求,工量具是否齐全。(注意：领取的板料平面要尽量平整,如果不平整,需要手动把板料敲平)
3	根据支撑板图纸尺寸要求,计算支撑板展开后的尺寸
4	根据计算的尺寸用划针在毛坯料上划出裁剪位置线
5	在裁剪机上裁剪毛坯料
6	去除毛刺
7	清理裁剪工位
8	用锉刀将毛坯料四边锉制平直
9	用划线高度尺或者钢直尺按图 3-11 所示划出支撑板的加工线
10	在两线的交点处用铁锤与样冲先敲出一个定位孔
11	在钻床上钻出图 3-12 所示的孔
12	将台式钻床上的钻头卸下,装上倒角钻,手动将打好的孔两边都倒角
13	清理钻床工位
14	使用锯弓锯出支撑板的轮廓
15	按图 3-13 要求锉削支撑板平面尺寸
16	在折弯机上折出图 3-10 所示结构和尺寸
17	将支撑板零件及尺寸误差分析表拍照上传系统

(3) 任务准备：

① 剪板：剪板机、钢直尺、塞尺、扳手等。

② 孔加工：钻床、薄板钻、钻床钥匙、平口钳、扳手等。

③ 折弯：折弯机、钢直尺、扳手、角度样板等。

4. 考核要求

将图 3-10 所示工件及支撑板尺寸误差分析表（见表 3-12）交给教师进行考核。

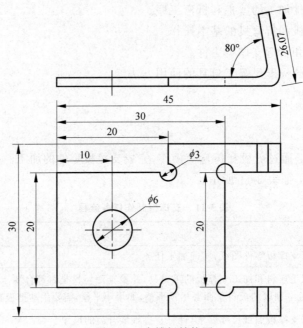

图 3-10 支撑板结构图

表 3-12 支撑板尺寸误差分析表

序号	尺寸要求	自测尺寸	误差原因分析

5. 任务步骤

由图 3-10 可知,支撑板展开总长约为 $L=45+26-2=69(\mathrm{mm})$。

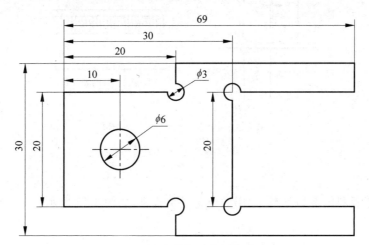

图 3-11 支撑板零件划线图

用钢直尺或者划线高度尺划出图 3-11 所示的位置线,交点处皆为孔的位置,用锤头和样冲打出样冲眼。

如图 3-12 所示,用薄板钻在孔的位置处钻出 5 个直径为 3mm 的圆,再将安装孔处的圆用扩孔钻或者麻花钻扩大到 $\phi 6\mathrm{mm}$,最后用倒角钻给安装孔的两面倒角。

用锯弓锯出图 3-13 所示的图形后,用锉刀将各边锉削平整,无毛刺,防止划伤手。

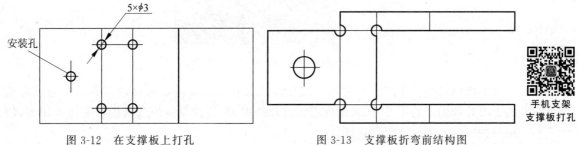

图 3-12 在支撑板上打孔　　　　图 3-13 支撑板折弯前结构图

相关知识

1. 裁剪板料

1) 剪切

剪切是在一对相距很近、大小相同、指向相反的横向外力(即垂直于作用面的力)作用下,材料的横截面沿该外力作用方向发生的相对错动变形的现象,如图 3-14 所示。

能够使材料产生剪切变形的力称为剪力或剪切力,发生剪切变形的截面称为剪切面。

手机支架
支撑板锯销

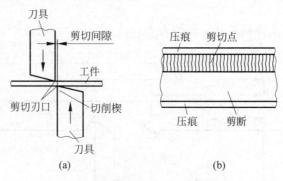

(a)　　　　　　　　　(b)

图 3-14　支撑板折弯前结构图

2) 剪板机

(1) 对于板料的剪切下料,常用的设备是剪板机,如图 3-15 所示。

手机支架
支撑板锉削

图 3-15　脚踏式简易剪板机

剪板机是用一个刀片相对另一刀片作往复直线运动剪切板材的机器。它通过运动的上刀片和固定的下刀片,采用合理的刀片间隙,对各种厚度的金属板材施加剪切力,使板材按所需要的尺寸断裂分离。

剪板机剪切后应能满足被剪板料剪切面的直线度和平行度要求,并尽量减少板材扭曲,以获得高质量的工件。

剪板机属于锻压机械中的一种,主要应用于金属加工行业,产品广泛适用于航空、轻工、冶金、化工、建筑、船舶、汽车、电力、电器、装潢等行业,提供所需的专用机械和成套设备。

(2) 剪板机是机加工中应用比较广泛的一种剪切设备,它能剪切各种厚度的钢板材料。常用的剪板机分为平剪、滚剪及震动剪三种类型。平剪机使用最为广泛。剪切厚度小于 10mm 的剪板机多为机械传动,大于 10mm 的剪板机为液压传动。一般用脚踏或按钮操纵进行单次或连续剪切金属。

(3) 常用工量具:在剪板机上剪切板材常用的工量具有直角尺、卷尺、游标卡尺、塞尺、扳手、划针等。卷尺用来测量长宽等大尺寸,游标卡尺用来测量板材厚度,塞尺和扳手用来调整裁剪间隙,划针和直角尺用来划线。

(4) 工艺准备如下。

① 准备和熟悉所需图样及技术要求。

② 按要求检查板材厚度(必要时,用游标卡尺检测)。

③ 带有弯形工件的剪切料,首先要计算弯形工件的展开料尺寸。

④ 弯形工件的展开料简便计算方法如图 3-16 所示。已知 $A=50\text{mm}$、$B=30\text{mm}$、板厚 $t=2\text{mm}$,弯曲角度为 90°时的经验值为 $K=2t=4\text{mm}$。所以展开料长度 $L=A+B-K=50+30-4=76(\text{mm})$。

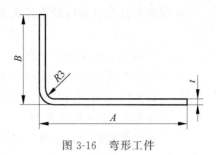

图 3-16 弯形工件

⑤ 在剪切下料前应根据板材厚度调整好剪刀间隙,剪刀间隙见表 3-13。

表 3-13 剪刀间隙　　　　　　　　　　　单位:mm

板材厚度	0.5	1.00	1.20	1.50	2.00	2.50	3.00	4.00	5.00	6.00
刀具间隙	0.05	0.10	0.12	0.15	0.20	0.25	0.30	0.40	0.50	0.60

⑥ 下料时应先将不规则的端头切掉,找出基准面,剪切剩下的料头保证剪板机的压料板能压牢,一般须留 60～80mm。

⑦ 用定尺挡板下料时,要按图样尺寸要求调准定尺挡板。

⑧ 若选择未注尺寸公差进行剪切时,剪切长度公差可按表 3-14 规定(壳体用料应取负值)。

表 3-14 剪切长度公差　　　　　　　　　　　单位:mm

剪切长度 L	厚度≤2	2<厚度≤4	4<厚度≤6
L≤102	±0.4	±0.5	±0.8
120<L≤315	±0.6	±0.7	±1.0
315<L≤500	±0.8	±1.0	±1.2
500<L≤1000	±1.0	±1.2	±1.5

(5) 安全及注意事项如下。

① 操作前要穿紧身防护服,袖口扣紧,上衣下摆不能敞开,不得在开动的机床旁穿、脱衣服,或围布于身上,以防止机器绞伤。

② 必须戴好安全帽,辫子应放入帽内,不得穿裙子、拖鞋。

③ 剪板机操作人员必须熟悉剪板机的主要结构、性能和使用方法。

④ 剪板机适用于剪切材料厚度为机床额定值的各种钢板、铜板、铝板及非金属材料板材,而且必须是无硬痕、焊渣、夹渣和焊缝的材料,不允许超过剪板机规定的厚度。

⑤ 要根据规定的剪板厚度,调整剪板机的剪刀间隙。

⑥ 不准同时剪切两种不同规格、不同材质的板料；不得叠料剪切。

⑦ 剪切的板料要求表面平整，不准剪切无法压紧的较窄板料。

⑧ 剪板机操作者送料的手指离剪刀口应保持最小 200mm 以上的距离，并且离开压紧装置。

⑨ 在剪板机上安置的防护栅栏不能挡住操作者的眼睛。

⑩ 操作者应及时清除作业后产生的废料，防止被刺伤、割伤。

⑪ 剪板机的飞轮、齿轮、轴、胶带等运动部位都应设置防护罩。

⑫ 放置栅栏，防止操作者的手进入剪刀落下区域。

⑬ 工作时严禁捡拾地上废料，以免被落下来的工件击伤。

⑭ 不能剪切淬过火的材料，也不允许裁剪超过剪床工作能力的材料。

⑮ 设备应按要求进行保养，防护装置应安全可靠，工作现场应保持环境清洁。

⑯ 毛坯料未放稳前，不得把脚放在踏板上，以免造成质量和工伤事故。

⑰ 禁止在设备上堆放与工作无关的物品，要保持设备周围环境整洁。

2. 折弯板料

1) 弯曲和弯形工艺

(1) 弯曲

将板料弯成所需要形状的加工方法称为弯曲，如图 3-17 所示。弯曲成型加工主要针对板材、管材、型材和线材。

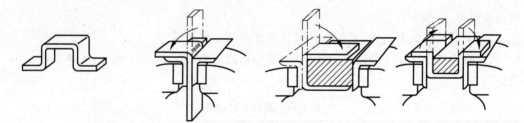

图 3-17　工件弯形过程

(2) 弯形工艺

弯形是使材料产生塑性变形，因此只有塑性较好的材料才能进行弯形。

弯形后工件外层材料伸长，内层材料缩短，而中间有一层材料长度不变，称为中性层。弯形部分的材料虽然产生了拉伸和压缩，但其截面面积保持不变，如图 3-18 所示。

弯形时，越接近材料表面，变形越严重，也就越容易出现拉裂或压裂现象。同种材料，相同的厚度，外层材料变形的大小取决于弯形半径的大小，弯形半径越小，外层材料变形越大。因此，必须限制材料的弯形半径。

通常材料的弯形半径应大于 2 倍材料厚度（该半径称为临界半径），否则，应进行两次或多次弯形才能达到要求，其间还应进行退火处理。

2) 折弯机

折弯机是一种可将板材加工成各种角度的设备，它有效地提高了板材加工的精度和生产效率。图 3-19 所示为小型的手动折弯机。

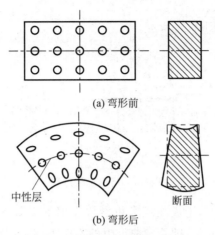

图 3-18 钢板弯形前后对比

图 3-19 手动折弯机

3）折弯模具

折弯机对钣金的折弯主要是通过折弯模具实现的。常用折弯模具有 V 形、U 形、Z 形等，如图 3-20 所示。

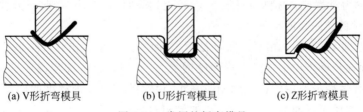

图 3-20 常用的折弯模具

为了延长模具的寿命，模具零件设计时，折弯部位尽可能采用圆角过渡，以避免应力集中。

4）折弯成型基本过程

折弯成型基本过程如图 3-21 所示。

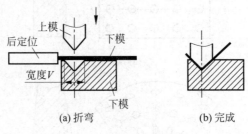

(a) 折弯　　　　　　(b) 完成

图 3-21　折弯成型过程

将平板坯料放到下模上，上模在压力机滑块作用下逐渐下滑并给板料向下的压力，此时板料受压而产生弯曲变形，随着弯曲上模的不断下移，板料弯曲半径逐渐减小，直到压力机滑块降到下止点位置时，板料被紧紧地压在上、下模之间，其内弯曲半径与上模圆角半径相重合而将板料弯曲成型。

5）回弹

折弯过程中，材料本身除了塑性变形外，还会伴有弹性变形的过程。当弯形后去掉外力时，弹性变形部分将立刻恢复使弯曲件的弯曲角与弯曲角半径发生改变，而不再和模具形状一致，这种现象称为弯形件的回弹或弹复现象，如图 3-22 所示。

(1) 弯曲回弹有以下两种表现形式。

① 弯曲半径增加：卸料前坯料的内半径为 y（与凸模的半径吻合），卸载后增加到 y'，半径的增加量 $y = y - y'$。

② 弯曲件角度增加：卸料前坯料的弯曲角度为 β（与凸模顶角吻合），卸载后增大到 β'，弯曲角的增大量 $= \beta' - \beta$。

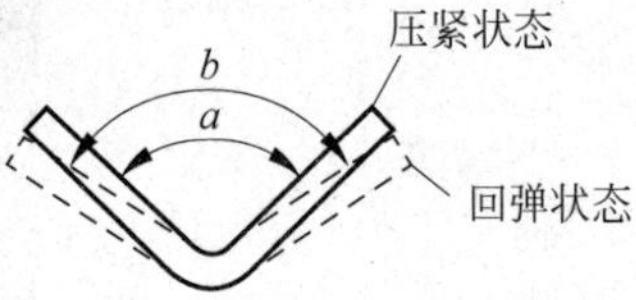

图 3-22　弯形件的回弹示意图

U 形件的回弹要小些，这是因为 U 形件的底部在折弯中有拉伸变形，故回弹较小。

当下模槽口较浅或较窄时，回弹就大；反之，槽口宽或深时，回弹就小。

(2) 影响板料弯曲回弹的因素有以下几种。

① 材料的力学性能：材料的屈服点 σ_s 越大，弹性模量越小，弯曲回弹越大。即 σ_s/E 的比值越大，材料的回弹值也越大。

② 相对弯曲半径 r/t：相对弯曲半径越小，回弹值越小。相对弯曲半径减小时，弯曲坯料外侧表面在长度方向上的总变形程度增大，其中塑性变形和弹性变形同时增加。但在总变形中，弹性变形所占的比例则相应减小，说明随着总变形程度的增加，弹性变形在总变形中所占的比例反而减小了。相反，如果相对弯曲半径过大，由于变形程度太小，使坯料大部分处于弹性变形状态，产生很大的回弹，以至于用普通的弯曲方法根本无法成型。

③ 弯曲件角度：在一定的相对弯曲半径情况下，弯曲角越小，则对应的参与变形的区域越大，弹性变形量的积累量也越大，因此工件的回弹值也越大。

④ 弯曲方式：自由弯曲与校正弯曲相比，由于校正弯曲可以增加圆角处的塑性变形程度，因此有较小的回弹。

⑤ 模具间隙：U形弯曲模具的凸、凹模间隙越小时，摩擦越大。由于模具对板料具有挤薄作用，使材料的贴模程度增加，加大了对弯曲件直边的径向约束作用，卸载后回弹减小。

⑥ 模具几何参数影响：当凸模半径一定时，V形弯曲件的回弹量随凹模开口尺寸的增大而减小，凸模半径较大而凹模开口尺寸过小时，回弹量很大。U形件的回弹量随凹模开口深度的增大而减小，凹模开口深度与薄板厚度之比小于4，随着凹模开口深度的减小，U形件的回弹量显著增加。

⑦ 工件形状：零件形状复杂，一次弯曲成型的角数量越多，弯曲变形时各个部分变形相互制约作用越大，从而增加了回弹阻力，降低了成型的回弹量。

⑧ 张力的影响：在板料弯曲的同时施加拉力（拉弯工艺）可使断面的压应力转为拉应力，使整个断面都处于拉应力的作用。卸载时弹性恢复变形方向，可以明显减小回弹量，随张力的增加回弹量减小。

（3）减少板料弯曲回弹有以下两种方法。

① 补偿法：对于回弹角不大的弯曲，可以先计算回弹量，然后在模具相应的部分减去回弹量，使其在开模后的弯曲件获得所需的形状和尺寸。在凸模和凹模的单边间隙中取最小的料厚，促使工件贴住凸模，离垂直线向内弯一个角度。开模后工件回弹，两边恢复垂直，这种方法称为补偿法，如图3-23所示。

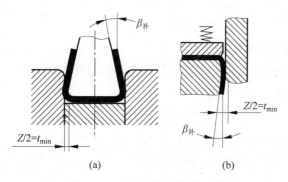

图3-23 通过补偿法控制回弹

② 校正法：当材料厚度在0.8mm以上，塑性比较好，而且弯曲圆角半径不大时，可以改变凸模结构，使校正力集中在弯曲变形区，加大变形区应力应变状态的改变程度（迫使材料内外侧同为切向压应力、切向拉应变），从而使内外侧回弹趋势相互抵消，如图3-24所示。

5）注意事项

① 严格遵守机床工作安全操作规程，按规定穿戴好劳动防护用品。

② 检查设备的操作部件是否在正确位置。

③ 检查上、下模的重合度和坚固性。

④ 检查各定位装置是否符合加工的要求。

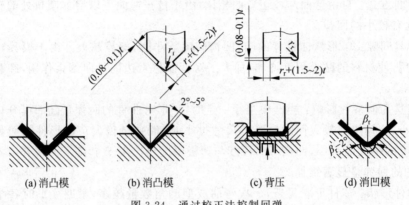

(a) 消凸模　　(b) 消凸模　　(c) 背压　　(d) 消凹模

图 3-24　通过校正法控制回弹

⑤ 工作时由一人负责统一指挥,使操作者能与上料、压料人员密切配合,确保配合人员在发出弯板信号前处于安全位置。

⑥ 机床工作时,机床后部不允许站人。

⑦ 严禁单压折板一端。

⑧ 禁止将厚钢板或淬火钢板、高级合金钢、方钢和超过弯板机性能的板材折叠,以免损坏机床。

任务五　支顶制作

1. 任务目标

(1) 熟练掌握铣床的基本操作。

(2) 熟练掌握游标卡尺、游标深度尺等工量具的使用方法。

(3) 能正确铣削长方体六个平面。

(4) 熟练掌握高度游标卡尺等工量具的使用方法。

(5) 熟练掌握台式钻床的操作。

(6) 掌握对底座钻孔、倒圆角、攻螺纹的操作。

2. 学时安排

12 课时。

3. 任务分析

(1) 任务描述:通过铣削、划线、钻孔、倒角、攻螺纹等操作,完成支顶零件的加工。

(2) 任务流程:如表 3-15 所示。

表 3-15　支顶制作任务流程

步　骤	内　　容
1	分析支顶零件图纸,明确加工任务
2	领取 35mm×35mm×30mm 的长方体铝料和加工支顶的工量具,并检查毛坯料是否符合要求,工量具是否齐全

续表

步 骤	内 容
3	在铣床上按照图2-43的过程依次铣削长方体五面(斜面不铣),铣削尺寸为30mm×30mm×27mm的长方块
4	去毛刺后测量尺寸
5	划出斜面加工尺寸线,如图3-25所示
6	在铣床上用V形块装夹铣削斜面,如图3-26所示
7	去毛刺后测量尺寸
8	清理铣床工位
9	分析铣削结果,在实训手册上填写铣削尺寸误差分析表
10	领取划线、钻孔、倒圆角、攻螺纹的工量具,检查工量具是否完好、齐全
11	在划线平板上完成划线操作,如图3-27所示,检查划线尺寸是否合格
12	在钻床上完成钻孔和倒圆角,并检查是否合格
13	清理钻床工位
14	将工件夹持在台虎钳上,攻M5的螺纹至规定深度
15	清理台虎钳工位
16	检查螺纹是否合格,若不合格需要分析原因,并将情况反馈给教师
17	将支顶工件及铣削尺寸误差分析表拍照上传系统

(3) 任务准备:

① 铣削加工:铣床、毛刷、平口钳扳手、等高垫块、橡胶锤、游标卡尺、游标深度尺、铣刀、连杆、内六角扳手、V形块。

② 划线:高度游标卡尺、游标卡尺、划线平板、靠铁、铁锤、样冲。

③ 钻孔倒角:钻床、平口钳、平口钳扳手、M4.2麻花钻、$\phi 8$mm倒角钻、毛刷、游标卡尺。

④ 攻螺纹:M5丝锥、铰杠、台虎钳、机油、刀口角尺。

4. 考核要求

将支顶工件及铣削尺寸误差分析表(见表3-16)交给教师进行考核。

表3-16 铣削尺寸误差分析表

序 号	尺寸要求	自测尺寸	误差原因分析

手机支架
支顶螺纹

手机支架
支顶的铣削

5. 任务步骤

如图 3-25 所示,根据支顶图纸尺寸要求,先将工件的基准面放在划线平板上,然后用划线高度尺划出线 1,再使用万能角度尺和划针划出线 2。

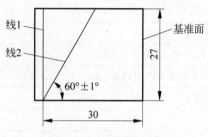

图 3-25 支顶划线图

如图 3-26 所示,将支顶的一个直角嵌入 V 形块的 V 形槽里。注意保证被铣削的平面位置呈水平状态。

如图 3-27 所示,根据支顶图纸尺寸要求,在铝料正面画出第一条 15mm 的中心线再从右向左偏移 10mm 画出第二条线,两线重合以后会有一个交点,这个交点就是螺纹孔的中心。

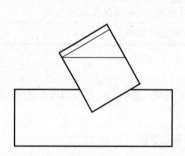

图 3-26 支顶斜面铣削 V 形块装夹示意图

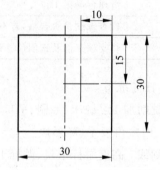

图 3-27 支顶孔位置的划线图

在两线的交点处用铁锤与样冲敲出一个定位孔。

计算钻孔深度:

$$H_{深}=h_{有效}+0.7D=10+0.7\times5=13.5(\text{mm})$$

用台式钻床在交点处打出一个直径为 4.2mm,深度为 13.5mm 的孔。

将台式钻床上的钻头卸下,装上倒角钻,手动将打好的孔倒角。

根据图纸尺寸要求,在螺纹处用 M5 丝锥攻出 M5 的螺纹。

该孔为不通孔螺纹孔,攻螺纹前要在丝锥上做好螺纹深度标记,即将攻完螺纹时,进刀要轻、要慢,以防止丝锥前端与工件的螺纹底孔深度产生干涉撞击,损坏丝锥。在攻丝过程中,要经常退出丝锥,清除切屑。

任务六 组合装配、检测

1. 任务目标

(1) 完成零部件的装配。

(2) 学会处理装配过程中出现的问题。

2. 学时安排

2课时。

3. 任务分析

(1) 任务描述：完成手机支架的装配。

(2) 任务流程：如表 3-17 所示。

表 3-17 组合装配、检测任务流程

步　骤	内　　　容
1	分析图 3-28 所示手机支架装配图，明确装配任务要求
2	将各个零件依次进行安装，保证各个零件位置的正确
3	将安装完成的手机支架和装配误差分析表(见表 3-18)拍照上传系统

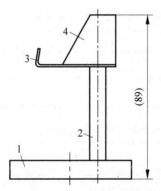

技术要求：
1. 装配后螺纹连接处贴合自然，没有空隙。
2. 保证支柱和其连接的上下两面的垂直度小于0.1mm。
3. 装配过程中，允许根据整体外观调整支撑板形状和折弯角度。

图 3-28　手机支架装配图

1—底座；2—支柱；3—支撑板；4—支顶

手机支架组装

(3) 任务准备：底座、支柱、支撑板、支顶、游标卡尺。

4. 考核要求

将安装完成的手机支架和装配误差分析表(见表 3-18)交给教师进行考核。

表 3-18　装配误差分析表

序　号	尺寸要求	自测尺寸	误差原因分析

五、项目评测

1. 阶段性评测

为评定学生对所学知识的理解程度与运用能力,检验学生对于技能的掌握程度,将项目的知识点学习和操作技能的训练分解成多个任务,每个任务都设有教师考核。在项目过程中需完成对相应知识和技能的考核,为达成项目总体学习目标做好保障。

2. 终结性评测

本项目的所有任务完成后,进入终结性评测。终结性评测分为线上考核、线下考核和手机支架加工工件评分。下面是各项考核的组成内容以及考核成绩表(见表3-19~表3-22)。

考核成绩=线上考核成绩+线下考核成绩

线上考核成绩=线上作业成绩+线上理论考试成绩

线下考核成绩=安全操作规范+精益管理+对话提问+加工过程中要求拍照上传的内容

表3-19 线上考核成绩A

序号	项目	配分	分数
1	线上作业成绩(成绩×40%)	40	
2	线上理论考试成绩(成绩×60%)	60	
总评A			

表3-20 线下考核成绩B

序号	项目	内容	配分	得分
1	安全操作规范	在实训场地穿着始终符合实训着装要求	5	
		不在实训场地嬉戏打闹	5	
		没有其他违反实训纪律的情况	5	
2	精益管理	工量具和随身物品使用及摆放符合场地要求	5	
		学习期间卫生工具按要求使用及摆放	5	
3	对话提问	车削安全操作过程	5	
		铣削安全操作过程	5	
		钻削安全操作过程	5	
4	加工过程中要求拍照上传的内容	画零件图,填写手机支架评分表	5	
		制作底座的工艺流程表	5	
		制作支柱的工艺流程表	5	
		制作支撑板的工艺流程表	5	
		制作支顶的工艺流程表	5	
		车削尺寸误差分析表	5	
		铣削尺寸误差分析表×2	5×2	
		底座工件	5	
		支柱工件	5	
		支撑板工件	5	
		支顶工件	5	
总评B				

表 3-21　手机支架加工工件评分 C

序号	内容及标注/mm		配分	自评	师评
1	底座	65±0.1	4		
		10±0.1	4		
		15±0.15	4		
2	支柱	ϕ9±0.02	4		
		10±0.1	4		
		72±0.05	4		
		M5	4		
3	支撑板	45±0.1	4		
		30±0.1	4		
		20±0.1	4		
		30±0.1	4		
		20±0.1	4		
4	支顶	30±0.1	4		
		27±0.1	4		
		30±0.1	4		
		10±0.5	4		
		60°±1°	4		
		M5	4		
5	装配尺寸	89	4		
		螺纹连接处无空隙	4		
6	粗糙度	Ra1.6	4		
7	形位公差	平行度、垂直度	4		
8	职业素养	工具摆放整齐	4		
		使用工量具是否合理	4		
		机床工位是否整洁	4		
总评 C					

表 3-22　期末成绩

序号	项目	配分	分数
1	线上考核成绩(总评 A×15％)	15	
2	线下考试成绩(总评 B×35％)	35	
3	手机支架加工工件评分(总评 C×50％)	50	
总评			

项目四

制作天平秤

一、任务目标

1. 总目标

能熟练运用车削、铣削和钳工技能制作天平秤,并将安全操作规范和精益管理要求贯穿整个任务实施过程。

2. 分目标

(1) 学习并了解天平秤的制作工艺过程,学会填写简单的工艺表格。

(2) 能用卧式普通车床车削外圆、端面和台阶轴,并能将尺寸误差控制在一定范围内。

(3) 能用立式普通铣床铣削天平秤(平衡块部件),并能将尺寸和形状误差控制在一定范围内。

(4) 学习锯削、锉削、钻削等钳工技能并能运用这些技能加工工件。

(5) 学会游标卡尺等常用测量工具的使用方法并能正确测量工件尺寸。

(6) 通过制作天平秤,树立安全操作规范和精益管理理念。

二、建议学时

54学时。

三、学习过程

 大国工匠

"蛟龙号"上的"两丝"钳工顾秋亮

"蛟龙号"是中国首个大深度载人潜水器,有十几万个零部件,组装的最大难度就是密封性,其精密度要求达到了"丝"级。而在蛟龙号组装过程中,能实现这个精密度的安装只有钳工顾秋亮,也因为有着这样的绝活儿,顾秋亮被人称为"顾两丝"。四十三年来,他埋头苦干、踏实钻研、挑战极限,追求一辈子的信任,这种信念让他赢得潜航员托付生命的信任,也见证了中国从海洋大国向海洋强国的迈进。

(资料来源:中华人民共和国国务院新闻办公室央视新闻——《大国工匠》,2015年6月8日)

1. 项目描述

项目是学习制作天平秤。学生结合实物图及工程图(见图 4-1～图 4-5)的要求,对加工图样和评分标准进行分析,确定毛坯料的材料和尺寸,然后通过车削、铣削、钳工等技能对材料进行加工,完成天平秤的制作,并在操作过程中培养精益管理的理念。

本项目通过线上考核完成对车削、铣削和钳工等金属切削知识的掌握程度,并通过线下考核的形式对车削、铣削和钳工等操作技能和成品进行评价。

2. 项目图纸

天平秤图纸如图 4-1～图 4-5 所示。

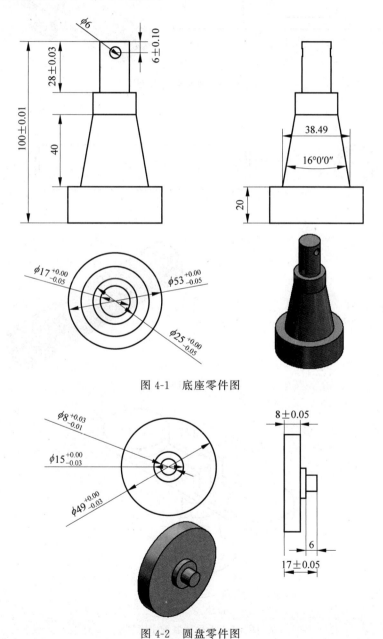

图 4-1 底座零件图

图 4-2 圆盘零件图

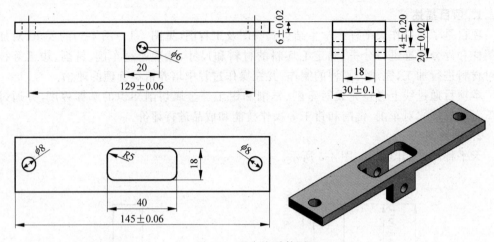

图 4-3 平衡块零件图

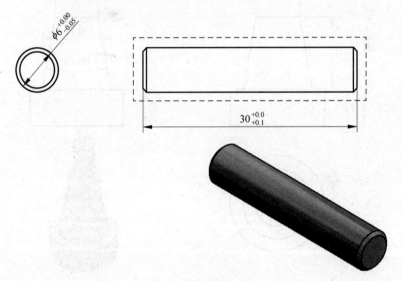

图 4-4 销钉零件图

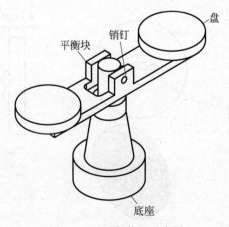

图 4-5 天平秤装配示意图

3. 工量具准备

加工过程中，需要用到表 4-1 中的工量具，实训场地的工量具应该从哪里拿放回哪里的原则，丢失了要赔偿。学生随身物品自己保管，但不能随意摆放。

加工前请按表 4-1 检查工量具是否准备齐全。

表 4-1　工量具准备

序号	工具名称	工具型号/规格	工具用途	图片	工具位置	数量
1	图纸	A4	加工依据			3
2	游标卡尺	0～150mm	测量		工位上	
3	钢直尺	0～150mm	测量或划线		工位上	
4	划针	$\phi 6 \times 145$mm	划线		工位上	
5	划线高度尺	0～300mm	测高或划线		工位上	
6	外圆车刀	95°	车削		工位上	
7	刀架钥匙		锁紧车刀		工位上	

续表

序号	工具名称	工具型号/规格	工具用途	图片	工具位置	数量
8	卡盘钥匙		锁紧工件		工位上	
9	垫刀片		调整刀具高度		工位上	
10	加力杆		夹紧		工位上	
11	顶尖		对刀		工位上	
12	面铣刀	$\phi 50$mm	铣削		工位上	
13	刀杆		连接面铣刀		工位上	
14	梅花扳手	24～32mm	锁紧刀具		工位上	
15	平口钳扳手		锁紧工件		工位上	

续表

序号	工具名称	工具型号/规格	工具用途	图片	工具位置	数量
16	活动扳手	24mm	锁紧螺母		工位上	
17	等高垫块		铣床使用		工位上	
18	钻床钥匙		锁紧麻花钻		工位上	
19	垫片		钻床使用		工位上	
20	立铣刀	ϕ8mm 和 ϕ10mm	铣削		工位上	1
21	表架		夹持百分表		工位上	1
22	锯弓	300mm	锯削		工位上	1

续表

序号	工具名称	工具型号/规格	工具用途	图片	工具位置	数量
23	半圆锉	8英寸	锉削		工位上	1
24	内六角扳手	世达	装刀片		工位上	1
25	麻花钻	ϕ6.8mm	钻孔		工位上	1
26	倒角钻	16mm	倒角		工位上	1
27	护目镜		防护眼镜		工位上	没有戴眼镜的需备有护目镜
28	毛刷		清除铁屑		工位上	1

四、项目实施

任务一　图纸分析及工艺流程编写

1. 任务目标

(1) 学会分析图纸,了解天平秤的结构和尺寸要求。

(2) 学会抄画天平秤的零件图及评分表。

(3) 熟悉天天秤的加工工艺过程并填写工艺流程表。

2. 学时安排

6 课时。

3. 任务分析

(1) 任务描述:分析天平秤图纸、抄画零件图及评分表、填写工艺流程表。

(2) 任务流程:如表 4-2 所示。

表 4-2　图纸分析任务流程

步骤	内容
1	识读图 4-1～图 4-5,了解天平秤的结构和尺寸要求
2	在实训手册上抄画天平秤的 4 个零件图、1 个装配图及对应的评分表
3	填写表 4-3～表 4-6 拍照上传系统

(3) 任务准备:画图工具一套、圆珠笔。

4. 考核要求

(1) 在实训手册上完成抄画零件图和评分表,交给教师进行考核。

(2) 完成表 4-3～表 4-6 的填写,拍照上传系统。

表 4-3　制作底座的工艺流程

序号	名　称	内　容
1		
2		

表 4-4 制作圆盘的工艺流程

序号	名 称	内 容
1		
2		

表 4-5 制作平衡块的工艺流程

序号	名 称	内 容
1		
2		

表 4-6 制作销钉的工艺流程

序号	名 称	内 容
1		
2		

任 务 二　底 座 制 作

1．任务目标

（1）完成与教师的对话提问。

（2）熟练掌握车床的基本操作。

（3）能正确车削和钻削底座工件。

（4）熟练掌握游标卡尺等工量具的使用。

2．学时安排

12 课时。

3．任务分析

（1）任务描述：通过车削和钻削操作，完成底座零件的加工。

（2）任务流程：如表 4-7 所示。

表 4-7 底座制作任务流程

步 骤	内　容
1	分析底座零件图纸，明确加工任务
2	领取毛坯料和车削用的工量具，并检查毛坯料是否符合要求，工量具是否齐全
3	粗车左端外圆：首先用卡盘夹住毛坯料右端，伸出长度 85mm 左右，车削左端面，第一个端面只需光出即可。端面车削完成后，按照如图 4-6 所示图纸尺寸要求先粗车左端外圆三个台阶留取 1mm 分别是 $\phi17$mm、$\phi25$mm、$\phi39$mm，锐边倒钝
4	调头夹持 $\phi39$mm 外圆，长度伸出 30mm 左右，太长刚性不足，容易折断
5	量取总长，车削端面控制总长 100±0.1mm
6	粗、精车右端外圆：右端外圆车削尺寸为 $\phi53_{-0.05}^{0}$mm
7	车削左端外圆，长度为 20mm

续表

步 骤	内 容
8	粗、精锥度,最后对左端面与台阶面分别进行锐边C0.5倒角
9	清理车床工位
10	在钻床上用 $\phi 6$ 麻花钻加工出 $\phi 6$ 的孔,去除毛刺
11	清理钻床工位
12	检测底座零件尺寸,拍照上传系统

(3) 任务准备:

① 车削加工:车床、毛刷、卡盘钥匙、刀架钥匙、游标卡尺、车刀、垫片。

② 钻削加工:钻床、平口钳、平口钳扳手、$\phi 6$ 麻花钻。

4. 考核要求

(1) 将底座工件交给教师进行考核。

(2) 将车削完成的工件自行自检、同学之间互相检测,通过则进入下一环节。

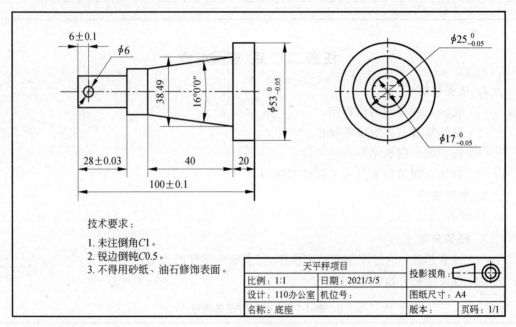

图 4-6　底座图纸

5. 说明

(1) 车床转速:粗车为 400r/min,精车为 1000～1250r/min。

(2) 切削速度:粗车为 0.2mm/r,精车为 0.1mm/r。

6. 任务内容

(1) 粗车左端外圆。首先用卡盘夹住毛坯料右端,伸出长度 85mm 左右,车削左端面,第一个端面只需光出即可。端面车削完成后,按照图 4-6 所示图纸尺寸要求先粗车右端外圆三个台阶留取 1mm 分别是 $\phi 17$mm、$\phi 25$mm、$\phi 39$mm,锐边倒钝。

(2) 调头,夹持 $\phi 39\text{mm}$ 外圆,长度伸出 30mm 左右,太长则刚性不足,容易折断。

(3) 量取总长,车削端面控制总长 $100\pm0.1\text{mm}$。

(4) 粗、精车右端外圆,右端外圆车削尺寸为 $\phi 53_{-0.05}^{\ 0}\text{mm}$。

(5) 车削左端外圆,长度为 20mm。

(6) 粗、精锥度,最后对左端面与台阶面分别进行锐边 C0.5 倒角。

相关知识

1. 车圆锥面的方法

将工件车削成圆锥面的方法称为车圆锥。

常用车削圆锥面的方法有宽刀法、转动小刀架法、尾座偏移法、靠模法等。

1) 宽刀法

如图 4-7 所示,车削较短的圆锥面时,可以用宽刃刀直接车出,其工作原理实质上属于成型法,所以要求切削刃必须平直,切削刃与主轴轴线的夹角应等于工件圆锥半角 $\alpha/2$。同时要求车床有较好的刚性,否则易引起振动。当工件的圆锥斜面长度大于切削刃长度时,可以用多次接刀方法进行加工,但接刀处必须平整。

2) 转动小刀架法

如图 4-8 所示,当加工锥面不长的工件时,可用转动小刀架法车削。车削时,将小滑板下面转盘上的螺母松开,把转盘转至所需要的圆锥半角 $\alpha/2$ 的刻线上,与基准零线对齐,然后固定转盘上的螺母,如果锥角不是整数,可在锥角附近估计一个值,试车后逐步找正。

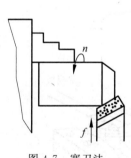

图 4-7 宽刀法

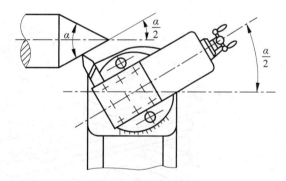

图 4-8 转动小刀架法

3) 尾座偏移法

如图 4-9 所示,当车削锥度小、锥形部分较长的圆锥面时,可以用尾座偏移的方法,此方法可以自动走刀,缺点是不能车削整圆锥和内锥体,以及锥度较大的工件。将尾座上的滑板横向偏移一个距离 S,使偏位后两顶尖连线与原来两顶尖中心线相交 $\alpha/2$ 角度,尾座的偏向取决于工件大小头在两顶尖之间的加工位置。尾座的偏移量与工件的总长度有关。尾座偏移量可用以下公式计算:

$$S \approx L_0 \tan \frac{\alpha}{2} = L_0 \times \frac{D-d}{2L}$$

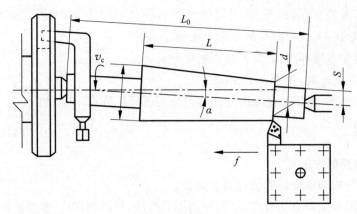

图 4-9 尾座偏移法

式中,S——尾座偏移量;
L——锥体部分长度;
L_0——工件总长度;
D、d——锥体大头直径和锥体小头直径。

床尾的偏移方向由工件的锥体方向决定。当工件的小端靠近床尾处,床尾应向里移动;反之,床尾应向外移动。

4) 靠模法

如图 4-10 所示,靠模板装置是车床加工圆锥面的附件。对于较长的外圆锥和圆锥孔,当其精度要求较高且批量又较大时常采用这种方法。

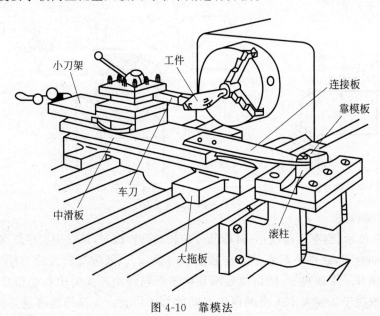

图 4-10 靠模法

2. 注意事项

(1) 注意车刀是否装夹正确,刀尖应严格对准工件旋转中心,否则端面无法车平。

(2) 开启车床前仔细检查工件装夹是否牢靠,卡盘钥匙与加力杆是否取下。
(3) 变换转速时应先将工件停止旋转,否则容易打坏主轴箱内的齿轮。
(4) 车削时应先开车、后进刀,切削完毕时应先退刀、后停车,防止车刀损坏。
(5) 工件未停稳时不能使用游标卡尺、千分尺测量工件。

任务三　车削圆盘

1. 任务目标

(1) 掌握车削圆盘的基本操作流程和技能。
(2) 确保圆盘工件达到图纸(见图4-11)规定尺寸和精度要求。

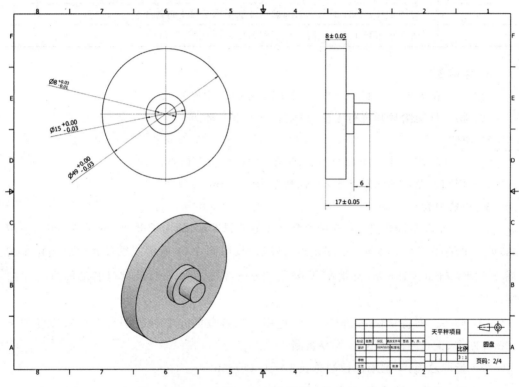

图4-11　圆盘图纸

(3) 培养安全意识和职业素养,规范操作车床。

2. 学时安排

8课时。

3. 任务分析

(1) 任务描述:通过学习车床相关操作,完成圆盘的车削加工。
(2) 任务流程:如表4-8所示。
(3) 任务准备:车床、圆盘毛胚料、外圆刀、游标卡尺、千分尺。

表 4-8　圆盘制作任务流程

步　骤	内　　　　容
1	准备工具和材料：包括车床、圆盘毛胚料、刀具、测量工具等
2	检查车床设备：确保车床运行正常，安全防护装置完好
3	安装工件：将圆盘工件正确安装在车床卡盘上，并夹紧
4	选择刀具：根据圆盘工件的材质和加工要求选择合适的刀具
5	调整车床参数：设置车床转速、进给速度等参数
6	进行车削加工：按照图纸要求，逐步车削圆盘工件，直至达到规定尺寸和形状
7	测量与检验：使用测量工具对圆盘工件进行尺寸和精度检验
8	拆卸工件：将加工完成的圆盘工件从车床卡盘上拆卸下来
9	清理车床和工作区：清洁车床和工作区，归还工具和材料

4．考核要求

(1) 将车削好的工件自行自检，然后同学之间互相检测。

(2) 将工件交给教师进行考核，完成后进入下一环节。

5．说明

(1) 车床转速：粗车为 400r/min，精车为 1000~1250r/min。

(2) 切削速度：粗车为 0.2mm/r，精车为 0.1mm/r。

6．任务内容

(1) 粗、精车左端外圆。首先用卡盘夹住毛坯料右端，伸出长度 35mm 左右，车削左端面，第一个端面只需光出即可。端面车削好后，按照图 4-11 所示图纸尺寸要求先粗车右端外圆到 $\phi 9$mm、$\phi 15$mm，再精车到 $\phi 8^{+0.03}_{+0.01}$mm、$\phi 15^{\ 0}_{-0.03}$mm，最后对右端面进行锐边倒钝。

(2) 调头。夹持 $\phi 8$mm 外圆（外圆包裹一圈铜皮防止工件外圆被夹坏），长度伸出 10mm 左右，太长则刚性不足，容易折断。

(3) 量取总长，车削端面控制总长 17±0.05mm。

(4) 粗、精车右端外圆，车削到尺寸 $\phi 49^{\ 0}_{-0.03}$mm。

(5) 最后对右端面进行锐边倒钝。

任务四　车　削　销　钉

1．任务目标

(1) 熟练掌握车削销钉的基本操作流程，能够独立完成车削任务。

(2) 确保销钉尺寸精度符合图 4-12 图纸要求，达到规定公差范围。

(3) 培养安全意识和职业素养，规范操作车床。

2．学时安排

4 课时。

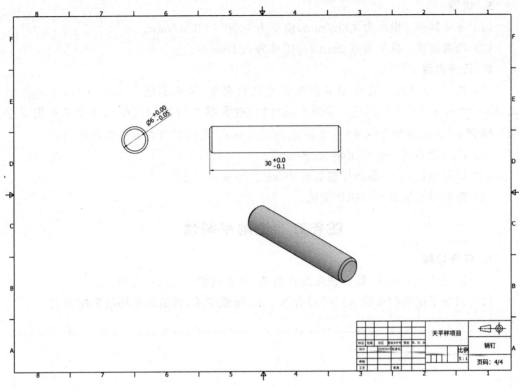

图 4-12 销钉图纸

3. 任务分析

(1) 任务描述：通过学习车床相关操作，完成圆盘的车削加工。
(2) 任务流程：如表 4-9 所示。
(3) 任务准备：车床、销钉毛坯料、外圆刀、游标卡尺、千分尺。

表 4-9 销钉制作任务流程

步骤	内　　容
1	准备工具和材料：车床、销钉毛坯料、刀具、测量工具等
2	检查车床设备：确保车床正常运行，安全防护装置完好
3	安装毛坯料：将销钉毛坯料正确安装在车床卡盘上，并夹紧
4	选择刀具：根据销钉材质和加工要求选择合适的刀具
5	调整车床参数：设置车床转速、进给速度等参数
6	车削销钉：按照图纸要求，逐步车削销钉，直至达到规定尺寸和形状
7	测量与检验：使用测量工具对销钉进行尺寸和精度检验
8	拆卸销钉：将加工完成的销钉从车床卡盘上拆卸下来
9	清理车床和工作区：清洁车床和工作区，归还工具和材料

4. 考核要求

(1) 将车削好的工件自行自检、同学之间互相检测。
(2) 将工件交给教师进行考核，完成后进入下一环节。

5. 说明

(1) 车床转速：粗车为 400r/min，精车为 1000~1250r/min。

(2) 切削速度：粗车为 0.2mm/r，精车为 0.1mm/r。

6. 任务内容

(1) 粗、精车外圆。首先用卡盘夹住毛坯料右端，伸出长度 10mm 左右，车削左端面，第一个端面只需光出即可。端面车削好后，按照图 4-12 所示图纸尺寸要求先粗车左端外圆到 $\phi 7$mm，再精车到 $\phi 8^{+0.03}_{+0.01}$mm、$\phi 6^{\ 0}_{-0.03}$mm，最后对右端面进行锐边倒钝。

(2) 用切槽刀进行长度切断 30.5mm。

(3) 量取总长，车削端面控制总长为 $30^{\ 0}_{-0.1}$mm。

(4) 最后对左端面进行锐边倒钝。

任务五　铣削平衡块

1. 任务目标

(1) 通过铣削平衡块，提升铣床操作技能，熟悉铣削加工的特点和工艺。

(2) 确保平衡块的形状和尺寸符合图 4-13 图纸要求，满足天平秤的装配需求。

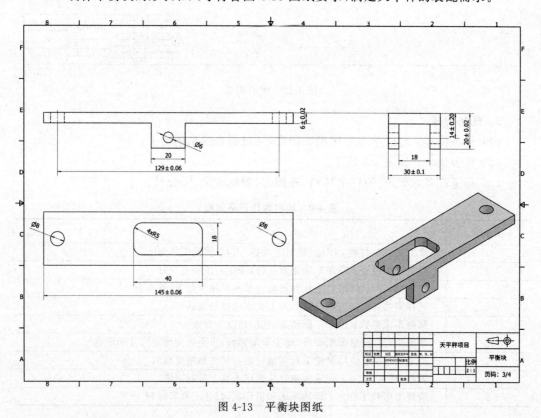

图 4-13　平衡块图纸

(3) 培养安全意识和职业素养，规范操作铣床。

2．学时安排

24 课时。

3．任务分析

（1）任务描述：通过学习普通铣床相关操作，完成平衡块的铣削加工。

（2）任务流程：如表4-10所示。

（3）任务准备：铣床、平衡块毛坯料、铣刀、游标卡尺、千分尺、深度尺。

表4-10 平衡块制作任务流程

步　骤	内　　　容
1	准备工具和材料：铣床、平衡块毛坯料、刀具、测量工具等
2	检查铣床设备：确保铣床正常运行，安全防护装置完好
3	安装毛坯料：将平衡块毛坯料正确安装在铣床工作台上，并夹紧
4	选择刀具：根据平衡块材质和加工要求选择合适的刀具
5	调整铣床参数：设置铣床转速、进给速度等参数
6	铣削平衡块：按照图纸要求，逐步铣削平衡块，直至达到规定尺寸和形状
7	测量与检验：使用测量工具对平衡块进行尺寸和精度检验
8	拆卸平衡块：将加工完成的平衡块从铣床工作台上拆卸下来
9	清理铣床和工作区：清洁铣床和工作区，归还工具和材料

4．考核要求

（1）将铣削好的工件自行自检和同学之间互相检测。

（2）将工件交给教师进行考核，完成后进入下一环节。

5．任务内容

平衡块图纸如图4-13所示。

1）选择机床与刀具

根据图纸确定该工件应在X5032立式铣床上进行加工。切削刀具选用ϕ50mm面铣刀。

2）确定基准

加工矩形工件时，应选择较大的平面作为基准。根据平衡块的毛坯料尺寸，应选其中一个大面为基准面。

3）装夹工件

该工件选用机用平口钳装夹。将工件的基准面与固定钳口相贴合，在平口钳的导轨面垫上平行垫块，若钳口直接与毛坯料接触时，必须在两钳口与工件面之间垫上铜皮，然后夹紧工件。

4）铣削

（1）铣削平衡块(145±0.06)mm的外轮廓如图4-14所示。将铣削平衡块靠向垫有铜皮的固定钳口，在平口钳导轨面垫上平行垫铁，在活动钳口处放置圆棒后夹紧工件。选择合理的主轴转速和进给量，操纵机床各手柄，使工件处于铣刀下方。开启主轴，升降台带动工件缓缓升高,使铣刀刚好切削到工件后停止上升,移出工作。工作台垂直升高1mm,采用纵向机动进给,铣出平面,表面粗糙度值 Ra 小于 3.2μm。

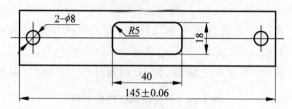

图 4-14 平衡块俯视图

注意这个面光出即可,在反面来控制尺寸。

(2) 换上 φ10mm 直径的铣刀,进行长度 40mm、宽度 18mm、深度 20±0.2mm 的内轮廓铣削。每次扎深 5mm 铣削,一共进行四次铣削即可完成,如图 4-15 所示。

(3) 换上 φ8mm 直径的钻头,进行钻孔。

(4) 翻面装夹,夹持深度 5mm 即可。设置(20±0.2)mm 的尺寸控制。

(5) 换上 φ10mm 直径的铣刀,对槽宽 18mm、长度 20mm、深度 14mm 的内外轮廓进行铣削。每次铣削深度 5mm,分别进行多次铣削即可完成。

(6) 换上 φ6mm 直径的钻头进行钻孔,如图 4-16 所示。

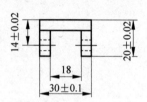

图 4-15 平衡块左视图

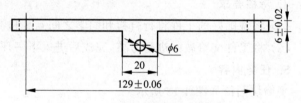

图 4-16 平衡块主视图

注意事项:

(1) 及时用锉刀修整工件上的毛刺和锐边,但不要锉伤工件已加工表面。

(2) 加工时可采用粗铣一刀,再精铣一刀的方法提高表面加工质量。

(3) 用手锤轻击工件时,不要砸伤已加工表面。

任务六 组装天平秤

1. 任务目标

(1) 掌握天平秤的组装方法和步骤,能够独立完成天平秤的组装工作。

(2) 确保组装完成如图 4-17 所示的天平秤功能正常,能够准确使用量具测量尺寸是否达标。

(3) 培养协作能力和沟通能力。

2. 学时安排

2 课时。

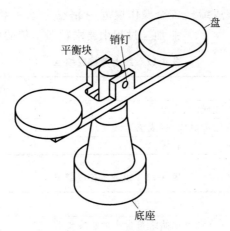

图 4-17 天平秤装配

3. 任务分析

(1) 任务描述：通过相关工量具的正确使用，完成天平秤组装及各尺寸的检测。

(2) 任务流程：如表 4-11 所示。

(3) 任务准备：天平秤零件、千分尺、游标卡尺、深度尺。

表 4-11 组装天平秤任务流程

步骤	内容
1	准备材料和工具：天平秤零件、螺丝刀、扳手等
2	检查零件：确保所有零件齐全且无损坏
3	按照图纸组装：按照图纸要求，逐步组装天平秤的各部分零件
4	调整天平秤：调整天平秤的平衡和灵敏度，确保其功能正常
5	检验与测试：对组装完成的天平秤进行检验和测试，确保其性能符合要求
6	清理工作区：清理工作区，归还工具和剩余材料

4. 考核要求

将天平秤组装好交给教师进行检查。

五、项目评测

1. 阶段性评测

为评定学生对所学知识的理解程度与运用能力，检验学生对于技能的掌握程度，将项目的知识点学习和操作技能的训练分解成多个任务，每个任务都设有教师考核。在项目过程中需完成对相应知识和技能的考核，为达成项目总体学习目标做好保障。

2. 终结性评测

本项目的所有任务完成后，进入终结性评测。终结性评测分为线上考核、线下考核和天平秤加工工件评分。下面是各项考核的组成内容以及考核成绩表（见表 4-12～表 4-15）。

考核成绩＝线上考核成绩＋线下考核成绩

线上考核成绩＝线上作业成绩＋线上理论考试成绩

线下考核成绩＝安全操作规范＋精益管理＋对话提问
＋加工过程中要求拍照上传的内容

表 4-12　线上考核成绩 A

序号	项目	配分	分数
1	线上作业成绩（成绩×40％）	40	
2	线上理论考试成绩（成绩×60％）	60	
总评 A			

表 4-13　线下考核成绩 B

序号	项目	内容	配分	得分
1	安全操作规范	在实训场地始终符合实训着装要求	5	
		不在实训场地嬉戏打闹	5	
		其他违反实训纪律的情况	5	
2	精益管理	工量具和随身物品使用摆放符合场地要求	5	
		学习期间卫生工具按要求使用及摆放	5	
3	对话提问	车削安全操作过程	5	
		铣削安全操作过程	5	
		钻削安全操作过程	5	
4	加工过程中要求拍照上传的内容	画零件图，填写天平秤评分表	5	
		制作底座的工艺流程表	5	
		制作圆盘的工艺流程表	5	
		制作平衡块的工艺流程表	5	
		制作销钉的工艺流程表	5	
		车削尺寸误差分析表	5	
		铣削尺寸误差分析表×2	5×2	
		底座工件	5	
		圆盘工件	5	
		平衡块工件	5	
		销钉工件	5	
总评 B				

表 4-14　天平秤加工工件评分 C

名称	序号	项目	考核内容	配分		评分	得分
				IT	Ra		
底座	1	尺寸 /mm	6 ± 0.1	2	0.2		
	2		$\phi 53_{-0.05}^{0}$	3	0.2		
	3		$\phi 17_{-0.05}^{0}$	3	0.2		
	4		$\phi 25_{-0.05}^{0}$	3	0.2		
	5		100 ± 0.1	3	0.2		
	6		28 ± 0.03	2	0.2		
	7		$38.49、40、20、\phi 6$	2			

续表

名称	序号	项目	考核内容	配分 IT	配分 Ra	评分	得分
底座	8	锥度	16°0′0″	5	0.2		
盘	9	尺寸/mm	$\phi 8^{+0.03}_{+0.01}$	4	0.2		
	10		$\phi 15^{0}_{-0.03}$	4	0.2		
	11		$\phi 49^{0}_{-0.03}$	4	0.2		
	12		8±0.05	2	0.2		
	13		17±0.05	3	0.2		
销钉	14	尺寸/mm	$\phi 6^{0}_{-0.05}$	3	0.2		
	15		$30^{0}_{-0.01}$	3	0.2		
平衡块	16	尺寸/mm	145±0.06	5	0.2		
	17		129±0.06	5	0.2		
	18		14±0.2	5	0.2		
	19		20±0.2	5	0.2		
平衡块	20	尺寸/mm	30±0.01	5	0.2		
	21		6±0.2	5	0.2		
	22		2—$\phi 8$、R5、$\phi 6$、20、18、40	3			
			赛件外观	10			
			完成装配、实现功能	10			
			总评 C	100			

表 4-15 期末成绩

序号	项目	配分	分数
1	线上考核成绩(总评 A×15%)	15	
2	线下考试成绩(总评 B×35%)	35	
3	天平秤加工工件评分(总评 C×50%)	50	
	总评		